Research Report on the Convergence and Development of
Forestry Media in China

中国林业媒体融合发展研究报告

邵权熙 张文红 杜建玲 ■ 主编

陈 丹 ■ 主审

中国林业出版社
China Forestry Publishing House

图书在版编目(CIP)数据

中国林业传媒融合发展研究报告/邵权熙等主编. --北京：中国林业出版社, 2019.7
ISBN 978-7-5219-0100-9

Ⅰ.①中… Ⅱ.①邵… Ⅲ.①林业－传播媒介－研究－中国 Ⅳ.①F326.2

中国版本图书馆CIP数据核字(2019)第116155号

中国林业媒体融合发展研究报告
Research Report on the Convergence and Development of
Forestry Media in China

中国林业出版社·自然保护分社（国家公园分社）

出版发行		中国林业出版社
		(100009 北京西城区德内大街刘海胡同7号)
网	址	http://www.forestry.gov.cn/lycb.html
电	话	(010) 83143577
印	刷	固安县京平诚乾印刷有限公司
版	次	2019年7月第1版
印	次	2019年7月第1次
开	本	787mm×1092mm　1/16
印	张	10.25
字	数	230千字
定	价	80.00元

我们要因势而谋、应势而动、顺势而为，加快推动媒体融合发展，使主流媒体具有强大传播力、引导力、影响力、公信力，形成网上网下同心圆，使全体人民在理想信念、价值理念、道德观念上紧紧团结在一起，让正能量更强劲、主旋律更高昂。

——2019年1月25日，习近平总书记在中共中央政治局就全媒体时代和媒体融合发展举行集体学习上的讲话

国家林业和草原局软科学研究项目

中国林业媒体融合发展研究报告

研究项目小组成员

组　长　邵权熙

副组长　张文红　杜建玲

主　审　陈　丹

成　员　诸葛寰宇　刘晓宇（北京印刷学院）

　　　　　张　锴　王　远　于界芬　肖　静（中国林业出版社）

　　　　　陈友平　田新程　贾梦茹　吴兆喆（中国绿色时报社）

　　　　　张君颖（中国林学会）

　　　　　杨　波（国家林业和草原局宣传中心）

　　　　　谢宁波（国家林业和草原局信息中心）

序一

最近，我的案头送来《中国林业媒体融合发展研究报告》，读后甚为欣喜。邵权熙、陈丹是中国编辑学会副秘书长，北京印刷学院、中国林业出版社、中国绿色时报社等单位也是我熟悉和关注的单位，他们在日常繁忙工作之余，完成了国家林业和草原局软科学研究项目，实属不易，这是教学科研单位和行业密切合作的成果，也是学校培养研究生和新闻出版传媒单位培养编辑记者研究能力的成功实践，正是契合了中国编辑学会提出的培养学者型编辑倡议的优秀范例。

培养新时代传媒人才队伍，就是要培养一支学者型编辑记者队伍。这支队伍既要深入基层、扑下身子、去了解火热的时代，又要能够笔下生花、写好文章、出精品图书，还可以有更高的追求、更大的作为。学者型编辑记者，要追求用理论修养、文化积累、文字眼光、思想理念与见多识广来处理问题，需要在具备专业知识与编辑记者知识的基础上具备"六性"，即文学的感性、史学的智性、哲学的悟性、艺术的灵性、科学的理性与伦理的德性。文学给编辑以感性，增加作品的感染力与影响力，使作品旁征博引、充满文采，吸引更多读者；史学给编辑以智性，使编辑具备深厚的知识底蕴，增加作品的历史恒久性；哲学给编辑以悟性，其逻辑性可增加编辑的条理性，反思性可增加编辑的深刻性，辩证性可增加编辑的包容性，宏观性可增加编辑的全局性；艺术给编辑以灵性，编辑思维和审美品质，与作品含多少审美元素是成正比的，乃至有些科学家认为，他们的发明创作往往是想象力的成果；科学给编辑以理性，增加作品的说服力与逻辑力，比如，科普书中的某一见解往往具备严密的衔接与充满逻辑的框架；伦理给编辑以德性，作为一名编辑还需具备一定的亲和力，也就是人格魅力，否则会"和者盖寡"。只有具备"六性"，才能从一名合格的普通编辑逐渐成长为学者型编辑，乃至成为编辑大家、思想家、学者。

广泛而深入的参与相关科学研究活动也是努力成为学者型编辑的良好实践之一。这里的科研活动不是指狭义的在实验室里的操作，而是泛指在出版行业等相关领域的学术研究、探索和思考活动与过程。特别是结合编辑所在行业特色的学术研究，以及与行业领域的教学单位合作研究，探索出一条理论联系实践的发展道路，对推进编辑领域的整体发展具有重要价值。《中国林业媒体融合发展研究报告》就是一个很好的实践。

推动媒体融合发展，是巩固思想文化阵地、壮大主流思想舆论的战略举措。习近平总书记就推动媒体融合发展做出深刻阐述，强调融合发展关键在融为一体、合而为一，要尽快从相"加"阶段迈向相"融"阶段，着力打造一批新型主流媒体。国家林业和草原局重视推进行业媒体融合发展，支持学校与行业传媒单位建立合作团队，开展系统研究，为推动行业宣传进行理论探索，特别值得借鉴。我希望，要用好研究成果，对领导决策提供借鉴，期待林业和草原传媒发展不断迈出新步伐，传来好消息。

北京印刷学院在培养新媒体人才和开展媒

体融合发展研究方向成果颇丰。张文红教授带领研究生深入实践一线，用科研解决行业实际问题，是培养人才的一个好的案例。我们的新闻出版人才培养更是要扑下身子，深入一线，这样培养的人才方能承担重任，为我们未来的编辑记者队伍输入新鲜血液。事业发展关键是人才，学者型编辑记者队伍壮大之时必将是中华文化繁荣复兴之际。

是为序。

中国编辑学会会长　郝振省

序二

随着信息技术的迅猛发展和以互联网为代表的新兴媒体的快速崛起，信息传播的主战场已由传统媒体扩展到新兴媒体，也促使现有的媒体格局催发一场前所未有的变革。习近平总书记强调，要主动借助新媒体传播优势，推动媒体融合发展。因此，传统媒体与新兴媒体深度融合，是大势所趋，是技术与市场双推力作用下的必然结果。

党的十八大以来，生态文明建设纳入中国特色社会主义"五位一体"总体布局和"四个全面"战略布局，绿色发展成为指导当前工作五大发展理念的重要内容和关系人民福祉、关乎民族未来的长远大计，我国林业与草原事业大发展迎来新的机遇。作为宣传林业与草原发展政策、科技知识和成就的重要传播手段和平台，林业传媒有着无可替代的作用。如何把握好新时代新机遇，使林业媒体在生态文明建设的大环境下成为一个技术先进、形式多样的新型主流媒体，构建资源整合、立体多元的传播体系，借助媒体融合之力实现成功转型升级，是林业媒体融合发展亟须解决的重大命题。中国林业出版社、中国绿色时报社、中国林学会、国家林业和草原局信息中心、国家林业和草原局宣传中心、北京印刷学院新闻与出版学院组成课题小组，开展了国家林业和草原局软科学研究项目"中国林业媒体融合发展研究"。我祝贺这一项目取得了较高水平的研究成果。这是高等院校教学研究面向行业的实践，是深化研究生培养改革的新探索，也是我校培养人才与林业行业深度合作的成功案例，具有示范作用。

北京印刷学院是一所学科特色鲜明、师资力量雄厚、科学研究创新、办学格局开阔的传媒类大学。经过60年的发展建设，一直坚持特色发展，不断提升核心竞争力，目前学校已初步形成了传媒科技、传媒文化、传媒艺术、传媒管理四大特色学科专业群，建设了具有时代特征的数字印刷、数字出版、数字媒体艺术、数字媒体技术构成的新型数字媒体专业群，同时强化产学研结合，建立了覆盖新闻出版产业链的科研平台。一直以来，北京印刷学院十分重视并大力加强对外交流合作，迄今为止已与国内外百余家出版社、公司、企事业单位建立了教学、科研、实习基地，为全面开展学生教育实践活动、培养学生实践能力提供了广阔的平台，真正实现了校企双方共建共赢。

目前，我国正处于积极促进文化产业大发展、大繁荣的关键时期，作为文化产业的重要组成部分，我国传媒改革与发展正在不断深入。传统媒体与新媒体的深度融合，必将进一步推动中国媒体产业发展。我相信，中国林业媒体融合发展的研究成果将促进林业媒体的融合发展，推动传统媒体的力量整合和合作升级，为行业领导决策提供支持。我祝愿北京印刷学院与中国林业和草原宣传部门的合作将更为深入，成果更加丰硕。

北京印刷学院党委书记　高锦宏

前言

2014年8月18日，中央全面深化改革领导小组第四次会议审议通过了《关于推动传统媒体和新兴媒体融合发展的指导意见》。习近平总书记在会议中强调：坚持传统媒体和新兴媒体优势互补、一体发展，坚持先进技术为支撑、内容建设为根本，推动传统媒体和新兴媒体在内容、渠道、平台、经营、管理等方面的深度融合。

2017年1月5日，中央宣传部在推进媒体深度融合工作座谈会上强调，要深入贯彻落实习近平总书记系列重要讲话精神，坚定不移推进媒体深度融合，尽快从相"加"阶段迈向相"融"阶段，实现融为一体、合二为一，不断提高新闻舆论传播力、引导力、影响力、公信力，确立移动媒体优先发展战略，突破采编发流程再造，抓好"中央厨房"建设这个龙头工程，加快培养全媒体人才队伍。

我国林业事业是党和国家高度重视，全民关注、全社会参与、每个人共享的事业，重视和做好林业宣传工作是林业事业发展的成功经验。紧跟时代步伐，做好林业媒体融合发展，在新的发展征程上发挥林业行业媒体的作用，具有十分重要的现实意义。

按照《深化党和国家机构改革方案》，将原国家林业局的职责，原农业部的草原监督管理职责，以及原国土资源部、住房和城乡建设部、水利部、原农业部、原国家海洋局等部门的自然保护区、风景名胜区、自然遗产、地质公园等管理职责整合，组建国家林业和草原局，加挂国家公园管理局牌子，由自然资源部管理，主要负责监督管理森林、草原、湿地、荒漠和陆生野生动植物资源开发利用和保护，组织生态保护和修复，开展造林绿化工作，管理国家公园等各类自然保护地，旨在加大生态系统保护力度，统筹森林、草原、湿地、荒漠监督管理，加快建立以国家公园为主体的自然保护地体系，保障国家生态安全。

组建国家林业和草原局是以习近平同志为核心的党中央着眼于党和国家事业全局做出的重大决策，充分体现了党中央、国务院对林业和草原工作的高度重视与有力加强，对推进国家治理体系和治理能力现代化、加强自然生态系统保护修复、统筹山水林田湖草系统治理，具有重要意义，必将产生深远影响。国家林业和草原局将以此为新的起点，不忘初心，牢记使命，认真履行党中央、国务院赋予的职责任务，按照自然资源部党组的部署要求，全面加强森林、草原、湿地、荒漠和野生动植物资源的保护管理与开发利用，认真组织生态保护和修复，广泛开展造林绿化工作，严格管理国家公园等各类自然保护地，不断提升自然生态系统的功能和质量，为满足人民群众对优质生态产品的需要、全面建成小康社会、建设生态文明和美丽中国做出新的更大贡献。

随着移动互联网发展，微博、微信、手机客户端出现，单一新闻生产的传统媒体遭遇到前所未有的挑战，传播力、影响力式微。立足传统媒体，发挥自身优势，运用先进技术，打造立体多样、融合发展的现代传播体系，不断巩固壮大主流舆论宣传阵地，已成为传统媒体的现实选择。媒体融合是一项复杂的系统工程，是一场划时代的创新与变革。它涉及理念、内容、技术、体制、管理、经营等各个方面。推进林业行业传统媒体与新兴媒体融合发展，既要立足行业实际，大胆探索，又要借鉴其他行业媒体先进经验，少走弯路；既要发挥传统媒体的潜在优势，坚守内容建设这个根本，又要坚定地站在新媒体发展前沿，大胆创新。因此，这就需要我们摒弃传统观念，以互联网思维，谋划好媒体融合发展这篇大文章，在理论探索与实践结合的基础上，稳步推进媒体融合发展。

　　林业媒体融合发展课题组用两年多的时间，开展了大量的富有成效的调查研究，取得了一系列研究成果，形成了《中国林业媒体融合发展研究报告》（以下简称《报告》）。这些成果主要体现在四个方面：一是摸清了林业传统媒体和新媒体底数；二是分析了林业媒体融合发展现状与趋势；三是指出了传统媒体和新媒体融合发展存在的问题；四是明确了林业媒体融合发展的指导思想、方法路径、实现目标。《报告》

从理念层面解决了思想认识问题，指出媒体融合发展是历史潮流、大势所趋；从实践层面找到了融合发展的痛点和难点，提出了相应的对策措施。

行业媒体因其专业性、独特性，在垂直领域这个特殊的环境中，建立了一道"护城河"，与都市类媒体相比，目前受新媒体的冲击较小。林业传统媒体大都拥有原创内容，是互联网林业资讯的源头，加之传统媒体的权威性、公信力、三审三校制带来的信息精耕细作与可靠性，是许多大众类新媒体望尘莫及的。从现阶段看，林业传统媒体仍然是林业宣传舆论的主体，掌控着舆论主导地位。但是，新媒体的优势更为明显：传播速度快、覆盖面广、互动性强、体验性好，正吸引着越来越多的网民。将林业传统媒体资源整合，与新媒体优势结合，将原创内容、专业资讯、深度报道，通过微博、微信及客户端等新媒体平台扩散传播，形成舆论引导的全新格局，林业主流声音将会进一步壮大，林业宣传舆论工作也将会进入全新的发展阶段。

这也是我们加强媒体融合发展研究的初衷所在。

这次项目研究，提出从三方面推进林业媒体融合发展。

一是力量整合。林业和草原系统主办的传统报纸、期刊、网站众多，仅国家林业和草原局所属期刊就达38家，但发行量不大，内容重叠现象时有发生，缺乏错位效应，每家媒体大多建立了网站、微博、微信平台，粉丝量少，影响力有限。利用新媒体技术，将分散的资源整合，统一聚合到中国林业新媒体旗舰平台上，既可节约人才资源，又能实现内容资源共享，还能为各自领域的用户提供差异化的服务。首先，林业和草原传统媒体以及新媒体可以从宣传定位、技术手段、发行渠道、人员培训等方面加强联合，在宣传策划和项目实施上共同承担任务，各自发挥特长，形成合力和共鸣，共振扩大宣传效果。加强人员业务交流的渠道和平台建设，促进人才的流通。其次，在条件成熟时，成立中国林业和草原传媒集团，组建林业和草原事业宣传的航母，从组织机构上实现融合。把现有的报纸、期刊、图书、网络、影视、新媒体等力量整合起来,精准服务宣传对象,提升林业传媒的话语权和影响力,为林业和草原的中心工作服务。这个做法,其他行业已经有成功的实践。力量整合是必走之路,早日推进定能早见成效。

二是顶层设计。林业媒体在新媒体建设方面随心所欲,各自为政,没有全局的工作思路、发展目标,也很少在一起交流研讨。推动媒体融合发展,必须要开展细致调研,邀请专家论证,提出可行性的建设方案、发展规划,明晰发展路径,并建立一套行之有效的体制机制。现阶段,林业媒体应打破行业内部壁垒,吸取各自优势,建立媒体同盟,实现信息沟通、业务融通、资源共享。在条件成熟时,推进统一的、规范的新媒体平台建设,形成新媒体矩阵,实现共融发展。要做好这项工作,应当自上而下去推动,牵住"牛鼻子",把顶层设计做好。首先要做好调查工作,其次借鉴其他行业成熟的经验,调动行业内媒体的积极性,在自愿的基础上推进联合,先试点,以示范效应稳步推进这项工作。

三是重点推进。新媒体建设是实现传统媒体转型发展的有效路径。林业传统媒体应遵循新闻传播规律和新兴媒体发展规律，以先进技术为支撑，以内容建设为根本，推动传统媒体和新兴媒体在内容、渠道、平台、经营、管理等方面的深度融合。在现有条件的基础上，按照林业和草原事业发展形势要求，重点推出一批融合产品、拳头产品，组建统一的传播平台，为整体推进林业行业媒体融合发展积累经验，做出示范。

研究问题是为了解决问题，推进工作。《中国林业媒体融合发展研究报告》项目小组的研究尚有许多不够完善之处，希望所提成果和建议作为学术探讨的话题，抛砖引玉，供批评指正；也希望我们的声音能引发传媒业的思考，促进行业媒体融合深入发展。

《中国林业媒体融合发展研究报告》项目组

目 录

序一

序二

前言

001	第一章　我国媒体融合发展研究综述
010	第二章　林业图书融合发展研究
043	第三章　林业期刊融合发展研究
074	第四章　林业电视融合发展研究
084	第五章　林业网站融合发展研究
119	第六章　林业报纸融合发展研究
127	第七章　林业媒体融合存在的问题和发展策略
137	参考文献
139	后记

第一章
我国媒体融合发展研究综述

近年来，随着信息技术的发展和"互联网+"等理念的提出，"媒体融合"已经成为我国产业领域、学术领域和政治领域皆颇为关注的重大问题。具体而言，我国的"媒体融合"不仅是当前各个媒体单位尤其是传统媒体单位努力探索并力行实践的一项工作，也成了我国学术界非常关注的一个热点研究领域，更是一个被上升到国家媒体发展战略层面的"政治问题"。2014年8月18日，中央全面深化改革领导小组第四次会议召开。本次会议的目的是深化媒体格局改革，提升媒体主流传播能力、公信力、影响力和舆论引导能力，迅速加快传统媒体和新兴媒体的融合。会议通过了《关于推动传统媒体和新兴媒体融合发展的指导意见》。习近平总书记在本次会议上强调，推动传统媒体和新兴媒体融合发展，着力打造一批形态多样、手段先进、具有竞争力的新型主流媒体，建成几家拥有强大实力和传播力、公信力、影响力的新型媒体集团，形成立体多样、融合发展的现代传播体系。

一、我国媒体融合相关研究的历史与现状

在中国知网数据库中以"媒体融合"为"篇名"搜索，梳理了从2007年起至2015年媒体融合研究的文献

数量。近九年的文献数量依次为：2007年74篇，2008年87篇，2009年150篇，2010年254篇，2011年223篇，2012年252篇，2013年303篇，2014年1194篇，2015年2167篇，（图1-1）。从文献数量上不难看出，我国自2007年起媒体融合研究呈现出逐年递增的发展趋势，2014年起文献研究数量迅猛增长。具体来说，2007年到2008年我国以"媒体融合"命名的研究文献数量较少，皆不足百篇；自2009年开始，相关文章开始大量涌现。被称为"中国媒体元年"的2014年，研究媒体融合的文章已经超过1000篇。2015年，媒体融合研究热在我国继续升温，全年文献数量达到2000多篇。2016年1～3月，研究媒体融合的文章就已达到206篇。由此可知，自2014年以来，媒体融合问题已经成为研究热点。

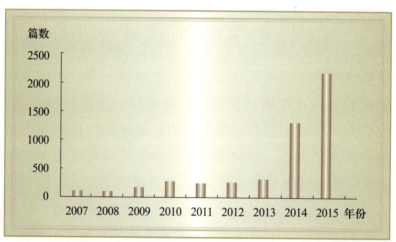

图1-1　2007—2015年我国"媒体融合"研究文献数量统计

二、我国媒体融合研究的重点问题与观点

随着技术发展和媒体融合热的升温，媒体融合研究文献数量较为巨大。现有文献情况显示，我国媒体融合研究大量文献聚焦在探究新旧媒体融合的关键、目标和路径等相关问题上。除了宏观的理论探讨，一些学者结

合媒体融合具体实践，针对传统媒体（比如报纸、学术期刊、图书等）如何实现媒体融合阐述了各自的观点。还有一些文章以媒体融合作为社会时代背景探讨了当前人才培养改革等相关问题。

（一）媒体融合和媒介融合的概念

文献显示，"融合"（convergence）一词最早于1983年由美国麻省理工学院的依梯尔·索勒·普尔提出，其含义为"多种媒介呈现出多功能一体化的趋势"。后来随着时间的推移和媒介研究的发展，国外学者的一些"媒体融合"（media convergence）著述陆续被译介并开始在我国传播。

在我国学术领域，与"media convergence"对译的汉语表述有两个词：媒体融合和媒介融合。国内学者一般认为，我国学者蔡雯最早于2004年将"媒介融合"的概念引入国内。也有研究者考证，1999年崔保国在《技术创新与媒介变革》一文中已经开始使用西方提出的"媒介融合"这一概念。此外，我国关于媒体融合的研究大约可追溯到十年前。李良荣和熊澄宇都曾较早地表达过有关媒体融合的观点，熊澄宇认为"媒体融合"是媒介向数字化靠拢的一种发展趋势。

通过多方文献界定可以看出，"媒体融合"的实质是打破原有新旧媒体的界限，将内容与表现形式做一个全面的提升。其融合的进程主要是传统媒体逐步向新媒体发展，达到深层次融合。事实上，在这个媒体融合加速发展的时期，其定义种类繁多；而媒体融合和媒介融合的主要区别则在于，媒体融合更加侧重于内容与技术的融合，而媒介融合则偏重于传播媒介形式上的融合。不过，对于媒介融合的内涵、实质以及外延，学者们至今还未形成统一的看法。

（二）新旧媒体融合目标、问题与挑战

经检索，以"新旧媒体融合"为篇名的论文一共有75篇。在论文的检索中可以归纳总结出现今媒体融合的主要目标是打通媒体的各个层面，整合已有资源并且将传播的内容与渠道进一步提升，促进新旧媒体良好的融合发展。这种融合的目标顺应时代发展的趋势，有利于重塑主流媒体的传播地位，打通舆论场，促进信息的有效传播。

媒体融合面临的主要挑战是传统媒体的受众流失严重，大部分读者转向阅读新媒体信息。全程媒体、全息媒体、全员媒体、全效媒体的现实存在，使得信息无处不在、无所不及、无人不用，读者可轻易地获取大量信息而无需为之付费。由此可见，媒体融合虽初见端倪，但是其传播发展得并不成熟，也未建立明确的盈利模式，版权保护意识薄弱。正如朱春阳教授在《当前我国传统媒体融合发展的问题、目标与路径》一文中提出：传统媒体面临着两大挑战，一是传统媒体受众流失严重，二是传统媒体营收不断下降。在传统媒体融合发展的主要问题上，我国现有产业格局有两个层面的问题，一是技术层面，二是制度层面，二者交互作用，使得我国传统媒体融合发展十分困难。

事实上，从学者提出的典型观点中可以看出，媒体融合改革同样存在着巨大的挑战。相比于传统媒体，新兴媒体对于技术的需求较高，而技术薄弱也是制约媒体融合发展的关键问题所在。伴随着新兴媒体的兴起，优秀的人才引进跟不上新媒体融合的需求，同时也存在着人才流失严重等现象。虽然现今新旧媒体在加速融合，但是融合并没有实现可观的盈利，其版权保护也有待加强。这些都影响、制约着媒体融合的进一步发展。

（三）媒体融合路径现状

胡正荣教授谈到，截至目前，传统的媒体主要采取以下三种经营模式：一种是坚守传统媒体，不开发新媒体；一种是传统媒体开始尝试发展新媒体；还有一种是面对互联网的发展与冲击，媒体人开始改变思路，大力发展新媒体。事实上，媒体融合的路径可以归纳总结出以下三个阶段：起初是传统媒体建立新兴媒体；然后，传统媒体与新兴媒体产生互动和初步融合；最终，传统媒体与新兴媒体达到深度的融合，实现线上线下媒体融合的深度交互。

现今，新媒体的发展历史尚短，其发展路径也并不清晰。但是，通过对媒体融合的路径分析可知，将来的媒体融合趋势已经显现，除了传统媒体向新兴媒体逐步转型之外，媒体融合的路径中同样包括内容生产的多媒体化。

此外，媒体组织的发展路径也逐渐趋于架构扁平化，应用场景开始走入人们的视野。这种场景设置需要运用和开发更多新兴的交互技术。传统的媒体多年来一直依靠内容来争夺眼球，吸引受众的注意，而互联网时代则需要依靠更为独特的交互技术以及表现形式来争夺受众。

（四）报业期刊媒体融合情况

在中国知网中检索"报纸媒体融合"，发现自2007年至2016年3月有2293篇相关文献；检索"期刊媒体融合"则有319篇研究文献。报纸媒体融合主要探讨在"互联网+"背景下，报纸转型情况、媒体融合的路径发展以及创新形式。而学术期刊的相关文献主要研究期刊的新旧媒体融合以及媒体融合情况下学术期刊的发展。两者探讨方向多集中在分析、探究报纸、期刊媒体融合转型以及其未来发展和创新表现形式方面。

1. 报业媒体融合

报业媒体融合的相关研究一方面探讨报业媒体融合发展的未来以及创新模式，一方面则以案例分析为主，探究报业的媒体融合。

王金辉在《报业媒体融合的发展思路》一文中重点分析我国报业媒体融合的现状，他指出我国报业融合还处于初级阶段，主要表现出以下三种形式：媒体结合、产品融合、单媒体运作。

通过文献可以看出，多数报业媒体融合的文章多会分析现在的报业发展现状，而无论是国内抑或是国外报业现状分析，都处于萧条期。这一点也在《媒体融合背景下传统报业创新趋势》一文中得到体现，作者提到：据统计，在美国，1964 年尚有 80% 的美国人看报纸，今天却只有 50% 了，其中，年轻人不到 20%。同样的情况在中国更加不容乐观。2012 年底，全球报业面临"末日"，众多报纸破产、停刊，亏损严重。国内，虽然新媒体起步较晚，发展还并不完备，但是已经对传统媒体造成了巨大的冲击。

针对这一现状，研究学者多在文章中探讨报业媒体融合下的发展路径。归纳总结可以看出：未来报业的内容生产将会趋于多媒体化，内容+技术多维度发展；内容报道方面将从事实报道转变为数据报道；报业的单媒体化也将逐渐转变成集团化；媒体将与受众用户深度融合；而报业也不能像从前一样只发展传统媒体，而是要向数字化生存方向转型。

2. 学术期刊媒体融合

在学术期刊方面，正如郭雨梅在《媒体融合背景下学术期刊的创新之路》一文中所说，媒体融合使信息发布渠道更加多样，获取更为便利，对传统的学术期刊载体形式和发行模式同时提出挑战。

而且，媒体融合使得信息传播的时效性不断地提高，传统学术期刊的出版和发行周期受到极大的挑战。媒体融合使受众变得日益广泛化和多元化，新的阅读方式对学术期刊的传播方式同样提出挑战。

《论媒体融合之下学术期刊的"内容为王"》一文中提到当前时代已进入多媒体融合发展的时代。多媒体的融合，对传统的学术期刊出版造成巨大冲击，同时影响了学术期刊"内容为王"的观点。陈如毅教授同时强调在现今"内容为王"的前提下，学术期刊应当积极利用新媒体优势，用先进的理念技术，生产出更加高质量的内容，以此来促进学术期刊与新媒体的深度融合发展。

（五）媒体融合人才培养方面的思考

在中国知网检索文题中含"媒体融合人才培养"的文章，一共有48篇。然而，媒体融合发展需要专业型的人才推动，而推动的过程也显露出媒体融合对于人才的进一步需求。其中，人才培养方面的研究涉及面较广，有针对新闻从业人员的人才培养研究，有针对学校特色的人才培养研究，也有针对电视广播等方面的媒体融合人才培养研究。

首先，想要新旧媒体融合就需要具有多技术的全媒体人才，只有掌握了全面的技术才能更深层次地将新媒体运用到传统媒体之中。正如孙宜君在《媒体融合环境下广播电视新闻专业人才培养的思考》一文中所说，"人才要求既要掌握扎实的新闻理论和广播电视业务知识，又要掌握必要的技术技能，尤其是包罗万象的新媒体技术，如虚拟影像合成技术、数字合成技术、摄像技术等，从而更好地适应多媒体融合环境下的广播电视新闻传播的需求。"由此可知，广播电视新闻业人才需要全方位的发展。

此外，媒体融合过程中人才培养应当注重于培养整合营销高层次管理人才。因为，这类人才应是熟悉并精通多种传播媒体的专家，他们了解科学技术，同时懂得运用媒体技术将内容信息更好地呈现。

通过以上专家的典型分析我们可知，在媒体融合人才培养方面，多数论文在探讨媒体融合下的人才需求；整体而言，在媒体融合人才培养方面的研究其切入点均有所不同，未形成较一致的解决方案。

三、结语

自 2007 年以来，媒体融合从提出概念至今已经开始将理论运用到实践之中。现今，媒体融合问题已成为我国学术研究的重点课题。检索 2007—2015 年的文献可知，我国学者对于媒体融合的探讨在持续升温。在媒体融合概念方面，不同学者有不同的观点，对于媒体融合的内涵也没有完整清晰的界定，其融合实践也没有清晰明确的理论指导。多数文献在研究媒体融合的含义、现状以及媒体融合未来发展的创新形式，而文献分析转型成功的案例较少，而且大部分文献仍处于对媒体融合的探讨阶段，其理论研究多于实践分析，指导作用较弱。

通过对于媒体融合的目标挑战以及路径的研究可知，不同的学者看待媒体融合发展的观点不同。大多数研究成果是参考借鉴国外的媒体融合案例，国内也有国家大力扶持取得成绩的案例，但是多数还处于发展状态之中，难以成为典型的国内成功案例。通过对文献的深入分析可发现，媒体融合是一个背景，报业、期刊业、出版集团等都需要进行媒体融合；此外媒体融合值得探讨的方面很多，有的文献是宏观的探讨，有的则是微观的分析。对于媒体融合的研究，有的文献重点研究其理论知识，而有的文献则注重实践分析。

对比国内外媒体融合也可发现，两者都是在分析反思的过程中总结媒体融合经验。此外，国内外也都在探索受众的情况，重点对受众的转变进行分析。而不同之处在于国外研究更加注重于人性本身的研究，对于个体会做较为细致的分析，而且更加重视媒体融合的案例分析。

第二章
林业图书融合发展研究

我国林业专业出版社有中国林业出版社、东北林业大学出版社和西北农林大学出版社三家。其中，中国林业出版社出版历史较长、出版量最大。除此之外，出版涉及林业图书的还有一些科技出版社，但出版的图书相对较分散。因此，以中国林业出版社为例，介绍林业出版融合发展的实践。

一、出版业融合发展的背景与现状

近年来，"互联网+"已上升到国家战略。2011年，国家召开全国数字出版工作会议，系统部署全行业数字化转型升级工作。2014年，《关于推动新闻出版业数字化转型升级的指导意见》印发，全面推进转型升级工作。2015年3月31日，国家新闻出版广电总局、财政部以新广发〔2015〕32号文件印发《关于推动传统出版和新兴出版融合发展的指导意见》，正式提出融合发展的发展战略。2016年5月，国家新闻出版广电总局发布了《关于申报出版融合发展重点实验室有关工作的通知》，首次开展出版融合发展重点实验室申报工作，以探索、推动传统出版和新兴出版在内容、渠道、平台、经营、管理等方面深度融合，并在当年12月正式公布20家出版融合发展重点实验室依托单位和共建单位名单。这也是新闻出版广电总局贯彻落实中央关于推动媒体融合发展部署和《关于推动传统出版和新兴出版融合发展的指导意见》的重要举措。

推进"互联网+"出版转型，不仅是履行国家政策的战略目标，更是顺应时代发展的需要。正如全国人民代表大会教育科学文化卫生委员会主任委员、中国出版协会理事长柳斌杰在接受人民网记者近日专访时指出的，"数字化"是大势所趋，新技术必然催生出版新业态；传统出版并非过去时，融合发展才是新出路。"十三五"规划明确提出加快发展数字出版。数字出版首次列入"十三五"规划，足见国家对数字出版的重视程度，这不仅标志着出版进入融合发展的新阶段，也标志着以数字化技术为支撑的新型出版业态必然要发展起来，中国出版业整体上的转型升级迫在眉睫。

在上述背景下，众多出版单位也在持续探索融合发展之路，在技术手段、运营模式上不断推陈出新，加大融合型人才培养力度，创造融合型内容产品。据统计，自2013年以来，国家先后确定170家数字出版转型升级单位，投入数十亿元资金，推进转型升级和融合发展。目前，已经涌现出一批走在前列的出版单位。这些出版单位创新理念观念、管理体制、经营机制和生产方式，创新技术、产品和业态，为全行业的数字出版转型升级和媒体融合发展摸索了技术道路，提供了示范经验。归纳来看，出版行业融合发展主要体现在技术融合发展、内容融合发展、渠道融合发展、人才融合发展几个方面。

（一）技术融合发展

从技术层面上来说，大数据、云计算、二维码识别、虚拟现实等技术的飞速发展，移动APP、微博、微信等传播工具的推陈出新，正在推动新一轮出版业生态的重构，加速了出版内容、出版载体、出版服务、出版发行的升级。出版内容已不再仅仅局限于单一的文字或图片，而是为读者提供集音频、视频、线上服务等多种表现形式为一体的资源与服务，是一种内容呈现的无限延伸，是多种载体的无限发布；出版载体由PC端向移动端延伸，为信息的随时随地传播与获取提供了便利；出版服务由单一的产品服务上升至基于内容的多元化服务，从有形服务延伸至无形服务；出版发行依托读者数据深度挖掘，不断完善产品供给渠道，创新平台售书模式，推动线下与线上的融合发展，因此新的商业赢利模式不断涌现。

（二）内容融合发展

技术的飞速发展有力地推动了出版内容的多元化发展态势，作为以内容为核心的出版业，对内容的深度开发与持续探索被放在重中之重。纸书出版内容被拆分与重构，产业链逐步完善，IP成为行业热词并受追捧。一批大型出版传媒集团，以大型文化工程、原创出版项目为牵引，以优质纸书内容为依托，深度挖掘纸书中有价值的内容，实现纸书内容的一次出版、多次开发，打造集在线教育、影视制作、游戏动漫为一体的出版融合产业链。人民交通出版社在尝试出品《中国港口》并在CCTV-4首播后，作为第一出品单位又陆续拍摄了《碧海雄心》《紧急救援》《宋氏三姐妹》等电视剧以及《中国灯塔》《中国桥》《中国路》等交通系列纪录片，收视率稳定，社会反响良好。金盾出版社打造的《人民的名义》等诸多热门图书IP被用于影视开发，收益颇丰的同时还极大地带动了线下图书的销售。人民邮电出版社积极顺应传统出版与新兴出版融合发展大势，整合优势资源建设了"异步社区""人邮学院""人邮教育""通信世界全媒体平台"等一系列融合发展项目，已成为集图书、期刊、数字出版等多媒体出版业务为一体的、有品牌影响力的综合性科技出版传媒大社。此外，电子工业出版社、人民卫生出版社、机械工业出版社等众多同行单位均在各自领域探索融合发展之路，形成了以图书、期刊、音像和电子出版为基本业务，以数字出版和信息内容服务、软件研发和信息化服务、教育培训与相关服务、产业促进与行业支撑服务等为增值业务的现代出版与知识服务业务结构；同时，在数字产品规划、研发、经营与管理，组织协调全社数字化科研项目的建设与管理，协同信息化建设等方面取得丰硕成果。

此外，二维码为内容的多元化延伸提供了有效的端口和解决方案，由此而来的精准读者数据分析则备受重视。人民出版社、安徽少年儿童出版社、中国农业出版社、中国水利水电出版社等一批知名出版单位基于纸书的二维码模式，已经打造了一批集在线教育、音视频互动、读者圈等资源与服务为一体的融合型"现代纸书"，并依托第三方大数据技术分析扫码读者喜好，持续为读者提供精准服务，有力地增强了读者黏性。但在这种模式下，如何充分调动编辑积极性，投入到线上内容生产，值得深入思考。目前，VR、AR技术在教育、少儿类图书上被广泛应用。比较典型的如吉林科学技术出版社的儿童科普读物《勇敢孩子的恐龙乐园》，以恐龙为主题，利用跟踪系统随时定位读者，让读者通过手柄的操作，与VR眼镜中的恐龙进行互动，体验感和娱乐性增强。但VR、AR的技术成本相对较大，投入与产出比是否能平衡，还有待市场检验。

（三）渠道融合发展

发行渠道是出版商品从生产领域转移到消费领域所必经的线路。如何打通线下线上渠道，形成产业链效应，深入助推纸书发行与销售上升至新台阶值得大家思考。目前，大部分出版社仍然依靠线下纸书销售盈利，或与亚马逊、京东、当当等第三方平台合作，拓展线上销售渠道。但这种线上+线下的销售模式并没有让纸书的销售利润有突破性增长。面对移动互联网的冲击，实体书店进一步萎缩，书店盈利持续下滑；第三方平台通过压低纸书利润换取销售数量，虽一定程度上增加了纸书传播力与影响力，但出版社的盈利状况并未因此有显著增长。知识付费时代来临，在线教育、网络出版、头条、分答、微课、听书等日益丰富的线上内容变现形式加剧了对纸书的冲击。人民邮电出版社、人民卫生出版社等部分出版社也做了相应尝试，将优质内容与线上渠道对接，扩大除纸书销售收益外的新的内容变现方式，取得了一定的效果。

（四）人才融合发展

编辑在传统内容生产流程中，从选题策划到编校、印制、销售等各个环节是几乎不涉足互联网的。如今，移动互联网技术已逐步渗透至出版、发行的各个环节，但并未触及内容生产核心，编辑的内容生产还是处于相对落后的阶段。众多出版社在数字出版上的转型探索只是初步构建了框架，并未形成专业特色的服务，最终造成编辑在出版内容加工、运营维护、资源整合等方面依然存在思想观念落后、效率不高等问题。编辑工作是出版工作的核心环节，出版融合对编辑队伍和编辑工作提出了新的要求。作为出版业的核心内容生产者、加工者、传播者，编辑也在谋求自身发展，实现向全媒体时代"现代编辑"的转型。在人才融合方面，一要培养新型人才，"新传媒人""新出版人""新编辑人"都需要"融合能力"，融合媒体时代需要编辑人具备整合传播策划能力；二要形成独特品牌，通过优秀案例、经典作品和典型人物，带动整个出版业融合发展人才的培养；三要放大辐射能力，在出版形式方面创新，引领读者的阅读需求。

二、出版业融合发展面临的问题

（一）互联网技术与思维融合力度不足

互联网技术的应用与互联网思维的培养是出版融合发展中面临的最突出的问题。尽管出版社积极引入新兴技术，建立线上平台、打造数字资源库、丰富内容形式，但对技术的应用始终处于初级阶段。平台与技术如何与出版社原有经营业务良好对接，扩展新的盈利渠道，值得深思，盈利能力也尚待检验。在这样的环境下，传统编辑对新兴技术的掌握程度也较为滞后，内容人才与技术人才之间存在巨大鸿沟。

培养互联网思维也是行业在融合发展中亟待解决的关键性问题。"互联网+"代表了一种新的经济增长形态，代表了一种全新的开放共赢的思维理念。要将这种业态和思维理念彻底注入行业发展的血液中并非易事。传统出版所代表的，是一种立足于自我的、单向性的内容生产，受众的地位被弱化。在传统的编辑思维中，更擅长与关心的是"内容"，而不是承载这种内容的产品以及消费这些内容的读者。出版融合时代，已从内容为王的时代升级为"好产品"战胜"坏产品"的时代；从单向传播的时代升级为"交互"主导的时代；从"用户被动接受信息"升级至"为用户赋能"的时代。传统出版的理念与思维已经远远跟不上互联网快车的飞速发展。

（二）产业结构面临调整

产能过剩，生产的商品未能满足市场需求，也是融合发展中面临的一项突出问题。融合发展之路的核心是满足市场需求的、可持续的发展。当前，我国年出版图书品种数位居全球第一，但与此同时，有效需求未得到充分满足，人均图书消费水平并不高。

融合发展要求出版社始终将用户摆在内容生产的核心地位，并贯穿内容生产的整个过程。从选题策划开始，就站在用户角度，以市场为导向，按照用户需求去生产有效的产品，从而带动整个产业结构的调整，满足有效消费的需求。同时，也要着力落实"三去"，即去产能、去库存、去杠杆，缩减库存，避免不必要的资源浪费，将人力物力投资到有效的资源当中。

（三）技术研发与平台建设效益并不显著

除了产业结构的调整，另一方面的问题在于，出版社对新技术、新平台的研发是否切实发挥了效应？投入与产出的比例是否达到平衡？许多出版社投入大量人力物力财力在新平台的研发上，可最终因运营不善、资源整合能力不强、平台业务对接不利等因素导致闲置，融合出版流于纸上谈兵；另有部分出版社深耕 VR、AR 等技术开发，但其耗资巨大，最终投放到市场上产生的利润并不能覆盖其庞大的研发费用，投入与产出的比例严重失衡，也造成了资源的浪费。因此，出版社在进行互联网转型的时候，切勿盲目投入，应结合自身需求，对症下药，将发展模式由数量扩张型向质量效益型转变，保障优质的人力物力投放到有需要的地方，实现转型融合发展的可持续性。

（四）全媒体人才资源匮乏

互联网公司的兴起对传统出版社造成的冲击不仅仅

体现在产品层面，也反映在人才层面。传统出版社在利润下滑、转型发展前景不明朗之际，众多优质人才外流，新的人才补给不足，优质人才资源极度匮乏，一定程度上限制了转型融合发展的进度。全媒体时代，内容生产者已经不能止步于传统的编辑、校对，懂数字开发、产品设计、用户体验的人才备受欢迎。但传统出版行业无论从发展潜力、薪资待遇、激励机制等方面都缺乏对这类人才的吸引力，新鲜血液供给不足导致创新能力滞后。作为出版业核心内容生产者的编辑，在出版社的鼓励下，都在主动探索融合发展，学习新技术、新经验，谋求发展出路。但总体来说，系统学习性不强，互联网思维与传统出版思维易产生脱节，部分创意想法也可能因为体制机制原因，不能得以真正落地。

出版融合最关键的是人的融合，最重点的是人的转变。如何强化在岗编辑的全方位素质，调动编辑的主观能动性，使其积极向全媒体人才转型；如何通过人才机制改革，为优质人才提供更多脱颖而出、施展才华的机会；如何通过薪酬制度的调整与激励机制，吸纳更多优秀的人才，为优秀人才创造良好的成长环境和发展机遇，也是出版业转型融合发展中面临的重要问题。

针对以上出版业融合发展面临的问题，今后，出版融合发展将围绕三个核心点展开：第一是理念创新，通过新的互联网理念引导发展。互联网的共享、共赢理念已改变了人类的整个生活生产方式，但至今创新、共享等理念在出版行业仅止于纸上谈兵，未能切实创造效益。出版业的未来融合发展离不开理念的创新，要勇于突破传统机制限制和传统思维桎梏，真正用互联网思维引导发展。第二是技术创新。传统出版和新兴出版融合发展，在时间维度上始终体现为技术的不断进步与发展，通过出版技术的发展变革带动出版产业结构、组织和机构转型升级。第三是编辑创新。出版融合一定要从行业的核心参与者入手。编辑是出版行业的核心，编辑的创新发展是行业创新发展的核心驱动力。要鼓励编辑抓住转型风口，学习新技术，打造新思维，以读者为导向，以服务为重点，通过个体进步带动行业整体发展。同时，要强化人才机制的改革，改变传统国企落后的人才理念，通过有效的人才激励机制刺激编辑的主观能动性，吸纳优质人才进入出版领域，为出版业的融合创新发展增添新的血液。

三、中国林业出版社的历史沿革

中国林业出版社筹建于 1952 年，成立于 1953 年，其前身是原中央人民政府林业部办公厅宣传编译科，是我国林业系统唯一的中央级科技专业出版社。

1952—1960 年，是中国林业出版社的发展初期。1957 年林业部被分为林业部和森林工业部以后，中国林业出版社也分为中国林业出版社和森林工业出版社。1958 年随着两个部委的合并，两社也合二为一。直到 1960 年，林业出版队伍发展到 56 人，年出版图书达到 191 种。1953—1960 年，共出版图书 905 种约 1500 万册；当时还出版了《中国林业》《森林工业通讯》《林业建设》和《林业译报》四种期刊，共印发 198 期。

1961—1978 年，根据国务院农业办公室的指示，农业出版社、中国林业出版社、农垦出版社、农业杂志社合并为农业出版社。当时的中国林业出版社精简至 11 人后被并入农业出版社。从事林业出版工作的人员锐减，林业图书的生产能力受到限制，图书出版的品种和数量显著下降。

1979—2002 年，党的十一届三中全会后，出版事业得到了迅速的恢复和发展。1980 年 3 月恢复了中国林业出版社。为充分发挥林业各学科专家、学者的作用，进一步加强林业出版工作，林业部于1984年和1991年召开了全国林业出版工作会议和特约顾问、特约编审会议，聘请了近百位资深专家为中国林业出版社特约顾问和特约编审。1989年，林业部设立了林业图书出版基金，每年拿出50万元资助林业科技图书的出版。与此同时，中国林业出版社逐步开展了国际合作出版交流活动。1993年，进行了以适应市场经济改革为主要目标、以经营管理改革为主要内容的全面改革。1997年，进行了以加强管理、提高效率为目标的机构、人员和管理体制的整合与调整。2001年，全面推行了经营管理机制创新和机构重组，中国林业出版社的出版能力迅速提高，一大批优秀林业图书出版发行，在林业建设和发展中发挥了巨大的作用。

2003—2013年是中国林业出版社迅猛发展的十年。2003年以来，中国林业出版社坚持贯彻落实党和国家的各项方针政策，坚持以图书出版主业为主的基本路线，坚持以扩大规模求发展为中心，以优化产品结构为抓手，以提升质量、树立品牌为途径，努力提升图书出版能力，图书生产规模稳步扩大，产品品种不断增加，产品结构进一步优化，产品特色逐步凸显，图书质量大幅提升，品牌效应基本显现。截至2013年6月，中国林业出版社累计出版林业图书1.3万种。

在这十年间，中国林业出版社还经历了一场深刻的变革。2011年2月28日，中国林业出版社获得了企业法人营业执照，结束了近60年的事业单位体制，开始了深化企业改革的新征程。

转企以后，当时的社领导班子审时度势，提出以"大工程带动大发展"的总体战略，大力推动出版社快速发展。2011年，中国林业出版社"中国数字森林博览馆建设与典型示范"被批准列入新闻出版改革发展项目库，并实现了当年立项、当年投资和中国林业出版社自成立以来承担国家重大项目零的突破。2012年，"中国林业数字出版与林业产业服务平台建设"被列入财政部中央文化产业发展专项项目。2013年，"中国林业按需出版"被列入财政部中央文化产业发展专项项目，并进入2013年新闻出版改革发展项目库。

在此期间，中国林业出版社还出版了一大批精品图书，更是在国家出版基金等专项基金项目上实现了突破。这其中包括《种子植物名称》（5卷）、《中国的绿色增长——党的十六大以来中国林业的发展》（3卷）、《党政领导干部生态文明知识读本》（电子出版物）、《中国森林生态网络体系建设出版工程》（1～7卷）等获得国家出版基金资助；《中国蒙古野驴研究》《中国泥炭地碳储量和碳排放》等获得国家科学技术学术著作出版基金资助。

自2012年获得电子出版和互联网出版资质后，中国林业出版社步入大数据、融媒体时代。2013年，中国林业出版社被列为全国首批数字化出版转型升级项目实施单位。

2014年至今，中国林业出版社步入稳步发展阶段。特别是党的十九大以来，中国林业出版社全面贯彻党的十九大精神特别是习近平新时代中国特色社会主义思想，坚持以人民为中心的发展思想，牢固树立社会主义生态文明观，大力推进生态文明建设和生态环境保护，建设美丽中国，满足人民日益增长的优美生态环境需要。结合国家林业局（现国家林业和草原局）中心工作，利用丰富的出版资源，出版、组织和搭建了一系列融合出版项目。

目前，中国林业出版社已经拥有"国家生态知识运营服务平台""林业数字出版与服务平台""中华木作——绿色文化传播及设计创意服务平台""面向林业教育的教材众创出版与生态知识服务云平台""国家生态文明建设电子书包系统平台"等知识服务平台,内容涵盖林业科学技术知识服务、生态文化普及与传播、林业高等教育服务等多个方面。

同时,中国林业出版社以传统优质的出版资源为基础,从出版内容中孵化出知识服务类项目,纸质图书和数字产品互为补充,将内容资源全面、系统地展现给读者,让读者获得全方位的使用感受。这其中包括由国家"十三五"重点图书出版规划《中国植物保护百科全书》所派生的新闻出版改革发展项目库项目"植物保护全媒体服务系统建设";由国家重点辞书规划《中国林业百科全书》所派生的新闻出版改革发展项目库项目"中国林业百科云平台"等。

四、中国林业出版社融合发展的实践

中国林业出版社自2013年出版转型升级以来,开展了多方面的出版融合研究与实践,取得了一定的成果。按照出版社"三步走"的战略规划,2013年中国林业出版社被列为全国首批数字化出版转型升级单位,第一步完成了企业数字化生产能力建设、数字化资源管理能力建设;第二步完成了出版社存量资源和行业增量资源聚集、加工和深度标引,实现结构化存储;第三步建设国家生态知识服务运营平台,面向政府机构、科研机构、教育机构和社会大众提供服务,实现商业环节的完整闭环,已经完成了部分资源的聚集和应用软件开发。中国林业出版社2015年入选了全国28家专业数字内容资源知识服务模式试点单位,2016年获批国家数字林业重点实验室(图2-1)。

图 2-1 中国林业出版社融合发展项目

（一）出版融合发展的定位

1. 融合发展以内容为基础，是对传统出版的必要补充

林业出版从内容上主要分为科技图书出版、大众读物出版、高等教材出版三类。

传统出版的优势在于内容，知识以图书作为其物化的形式，图书以其质感满足人们触觉和收藏需求，以纸介质作为载体的出版物成为人们长期习惯的阅读载体。

随着互联网大发展，网络阅读和电子书成为越来越便利的阅读方式，阅读成为随时随地可以进行的事情，大量的碎片化时间用来阅读成为人们的习惯。另外，数字化的表现形式多种多样，增加了阅读的现场感受。在这种趋势下，出版社出版数字产品，融合传统媒体与新媒体，就成为出版社在竞争激烈的市场中立于不败之地的法宝之一。

中国林业出版社的高等教材配备了补充课件，以光盘、网络课件的形式，为教材补充了视频、音频、图片等内容，使得教学更直观。比如，植物类教材和动物类教材，由于受到定价机制和学生购买能力的限制，必须压低成本，原来是在纸质教材上以黑白照片和线条图的形式表现，与实物有着天壤之别，在有了数字化技术后，教材配备了直观的课件，彩色图代替了黑白图，动态图代替了静态图，在表现植物、动物的形态时更直观、更准确。

2. 融合发展是内容的有机整合、产业链的延伸

中国林业出版社自从2013年成为国家首批出版转型升级单位后，开发了知识服务平台，以知识服务为理念的"出版"产业链得到了延伸。图书的电子版经碎片化标引形成可阅读、可查询的网络读物。这些内容还可以重新组合成不同的出版物供不同的需求者阅读。读者可以阅读一本书的全部内容，也可以购买其中的部分章节阅读。将来还可以借用知识服务平台进行编辑、作者与读者的互动，就某些问题进行研讨。知识服务平台成为出版社的数据库，在版权资产管理方面更加便捷。

《中国植物保护百科全书》《中国林业百科全书》采取纸质出版物和网络平台开发同时进行的方式，二者可以相互补充、相互促进。这是增量资产开发的新尝试。

3. 融合发展是满足读者需求的有效方式

从内容上说，数字化产品取代纸质图书是有选择的。纯文字图书、以照片或图片为主的图书，在表现形式上比较简单、直观，适合于做成电子书或者网络读物；科技类图书往往有很多图和表，若在移动终端上表现，往往由于屏幕小或者其他原因不方便阅读。中国林业出版社在融合出版中充分考虑这些因素，未开发像网络小说那样的电子书，而是开发了知识服务平台，满足移动终端和互联网阅读的需求。

一些读者喜闻乐见的"花花草草"类的家庭园艺图书，以其清新文艺的风格受到年轻人的喜爱。这些图书通过公众号进行宣传和销售，也成为融合发展的一个重要领域。公众号可以互动，传播广泛，是当代媒体宣传的有效方式。

（二）林业出版融合发展的实践

出版的本质是传播知识。传统出版是以把内容印刷在纸上传播，这种形式在出版的历史上功不可没，且将

长期存在。但是，纸质出版物有一定的限制，对内容的表现是静态的、平面的。数字技术的发展给出版创造了新的形式，以动态立体表现的形式可以更丰富地展现内容，出版融合发展正是在这种背景下应运而生。

中国林业出版社的出版融合发展始于知识平台建设。2013年，中国林业出版社成为首批数字出版转型升级单位，从此进入了出版融合发展的快车道，后来居上，取得了骄人的成绩。由传统出版向数字出版转型，由单一的纸质图书出版到电子出版物、网络出版物、移动互联网出版，由文字、图片的出版到视频、音频的出版，出版社已经实现了全媒体出版。产品形态多样化，有图书、AR技术图书、电子出版物、互联网出版物、知识服务平台、手机APP阅读平台，以及免费的慕课（MOOC）课件，实现了随时随地阅读（表2-1）。

表2-1 中国林业出版社融合发展项目一览表

序号	项目名称	实施时间
1	中央文化企业数字化转型升级项目	2013
2	中国林业数字资源库建设	2014
3	国家生态知识服务运营平台	2014
4	国家专业内容资源知识服务模式试点	2015
5	国家生态文明建设电子书包系统平台	2015
6	中国数字森林博览馆建设与典型示范	2011
7	中国林业数字出版与产业服务平台	2012
8	中国林业按需印刷	2013
9	植物保护全媒体服务平台	2014
10	绿色文化传播及设计创意服务平台	2015
11	基于CNONIX标准的出版综合管理平台	2016
12	绿色中国漫记——践行生态文明系列动漫	2016
13	党政领导干部生态文明建设读本	2013
14	绿水青山——建设美丽中国纪实	2014
15	中国森林生态网络体系建设出版工程	2014
16	"建筑读库（e-Book）"微信公众号	2014
17	林业和草原科普微信公众号	2015
18	自然书馆微信公众号	2017
19	"小途"教育平台	2018

1. 知识服务平台"林业智库"为图书的知识"重组"提供了方便

中国林业出版社现有的知识服务平台包括：国家生态知识服务运营平台"林业智库"，绿色文化传播及设计创意服务平台，中国数字森林博览馆建设与典型示范平台，中国林业数字出版与产业服务平台，植物保护全媒体服务平台，"小途"教育平台（图2-2），以及筑力北京"建筑读库（e-Book）"微信公众号、林业和草原科普微信公众号、自然书馆微信公众号（图2-3）。这些平台和微信公众号构建了知识服务的总体框架。"林业智库"将图书内容资源数字化，然后将数字化资源重新"组合"成书，是对图书内容资源的再利用。已经将2000多种存量纸质图书制作完成epub格式电子书，这些内容可以根据需要进行重组，形成不同主题的图书。在生态知识服务方面的图书资源非常丰富，涵盖了动物、植物、湿地、沙漠、森林等内容。这些平台在林业科技、科普以及林业教育方面做到了全覆盖，全方位为行业发展服务。

2015年国家新闻出版广电总局批准中国林业出版社为专业数字内容资源知识服务模式试点单位。

图2-2 中国林业出版社知识服务平台

图 2-3 中国林业出版社部分微信公众号

2. 建立了国家数字林业重点实验室

国家数字林业重点实验室是 2016 年国家新闻出版广电总局批准成立的，以通过数字化技术对森林生态系统及其服务功能提高或开发的关键技术与核心知识内容的呈现与表达为研究方向。围绕富媒体内容呈现及交互技术研究、内容可视化产品的制作技术及工具研究、人机交互及智能应答技术与相关系统和平台建设研究，在这三个细分方向展开内容呈现相关技术的研究工作，使得研究成果满足专业内容三维视听素材开发的需要、满足增强现实及虚拟现实与虚拟仿真应用场景制作的需要、满足交互型智能识别系统应用的需要，由浅入深地完整研究林业知识数字化呈现技术及转型升级的需求。通过产学研结合的方式，以科技创新辅以先进技术手段服务行业、社会，履行林业人作为生态文明建设主力军的职责。

3. 利用编纂平台出版图书

中国林业出版社的两个国家重点规划辞书项目《中国林业百科全书》与《中国植物保护百科全书》是将纸质图书与知识平台同时开发的项目，内容资源既可以在平台上展示、阅读，也可以编辑成图书出版。编纂平台为作者和出版社的编辑在出版过程中搭建了一个互动的场所，可以及时地反馈意见，提高工作效率。

4. 出版了形式多样的出版物

（1）纸质图书配电子出版物

为了更直观地表现图书内容，为纸质图书配以 CD、DVD 或 U 盘，把植物、动物等以色彩、立体、动态表现的部分放在电子出版物中，补充纸质图书的不足，同时降低整体成本。这种相互补充的形式比纸质图书的全彩色印刷成本低，阅读感受好。特别是在高校教材方面，这种尝试受到欢迎。

（2）纸质图书配网络出版物

高校教学课件的使用成为了教学评估的一部分，因此高校教材配网络出版物成为很多实用型教材的"标配"。出版社与高校教师合作，为教材开发了辅助课件，放在出版社的资源平台上，为教师备课、学生学习提供了动态的交互式的帮助。

（3）AR 技术图书

出版了让动物动起来的图书——AR 技术图书，如《动物贴涂》（图 2-4），用手机扫描动物即可看到动物的行动，增加了图书的趣味性。开发了植物识别软件，通过对植

图 2-4　AR 技术图书《动物贴涂》封面

物拍照识别植物种类。

5. 编制了研究过程中所涉及的林业内容和计算机相关技术标准

编制了数字出版转型企业标准 23 项，知识服务企业标准 20 项，数字林业行业标准 11 项，从内容及技术方面完整构建林业专业内容呈现及相关技术的标准。

6. 实现了图书的绿色印刷

2014 年，中国林业按需出版项目得到了国家财政资金的大力支持，建立了全资子公司"中林科印"文化发展 (北京) 有限公司，实现了按需出版。

7. 培养了一批融合发展人才

出版融合发展在实践中培养了一批高端人才，中国林业出版社 1 人获得了"中国出版政府奖优秀出版人物奖"并入选"全国文化名家暨四个一批人才"，2 人获得"全国新闻出版行业领军人才"称号，1 人获得"全国百佳出版工作者"称号，3 人获得"全国优秀中青年图书编辑"称号，1 人获得"新中国成立 60 年来新闻出版系统百名有突出贡献的新闻出版专业技术人员"称号，多人获"梁希林业宣传突出贡献奖"。2 人被国家新闻出版总署聘为国家科技奖励评审专家。

五、图书融合发展的目标

（一）拓展新技术新业态

运用大数据、云计算、移动互联网、物联网等技术，加强出版内容、产品、用户数据库建设，提高数据采集、存储、管理、分析和运用能力。一是构建云服务机构。探索建立林业行业云服务中心，规划建设行业公有云，提出建设规范，培训林业行业应用基于云计算的相关服务。二是配合实施国家林业大数据建设。与国家林业局信息中心配合，实施国家林业大数据工程。三是贯彻落实标准化建设。贯彻落实国家和行业标准化发展战略，完善标准体系建设；重点关注加快数字化转型升级、传统业态与新兴业态科技创新等推动产业升级的相关标准制修订；重点关注林业行业信息化的标准建设。在出版社现有的资源基础上，全面完善资源、技术、营销等内容，实现面向社会的免费公共服务、面向政府的收费服务以及面向教育的多重服务模式。

（二）创新内容生产和服务

始终坚持贴近需求、质量第一、严格把关、深耕细作，将传统出版的专业采编优势、内容资源优势延伸到新兴出版，更好地发挥舆论引导、思想传播和文化传承作用。探索和推进出版业务流程数字化改造，建立选题策划、协同编辑、结构化加工、全媒体资源管理等一体化内容生产平台，推动内容生产向实时生产、数据化生产、用户参与生产转变，实现内容生产模式的升级和创新。顺应互联网传播移动化、社交化、视频化、互动化趋势，综合运用多媒体表现形式，生产满足用户多样化、个性化需求和多终端传播的出版产品。贯彻新理念，要将图书销售理念转变为知识服务理念。科学创新，优化供给，为林业行业、社会大众、林业教育行业用户提供更好的产品、更好的服务，满足广大人民群众的精神文化需求。

（三）扩展内容传播渠道

探索适合自身融合发展的道路，创新传统发行渠道，大力发展电子商务，整合延伸产业链，构建线上线下一体化发展的内容传播体系。利用社交网络平台，建立出版网络社区等传播载体，打通传统出版读者群和新兴出版用户群，着力增强黏性，广泛吸引用户。借力商业网站的微博、微信、微店等渠道，不断扩大出版产品的用户规模，进一步扩大覆盖面。

（四）加强重点平台建设

整合、集约优质内容资源，推动建立国家级出版内容发布投送平台、国家学术论文数字化发布平台、出版产品信息交换平台、国家数字出版服务云平台、版权在线交易平台等聚合精品、覆盖广泛、服务便捷、交易规范的平台及出版资源数据库，推进内容、营销、支付、客服、物流等平台化发展。鼓励平台间开放接口，通过市场化的方式，实现出版内容和行业数据跨平台互通共享。以建设国家生态知识平台为重点，在平台的基础上，建立健全一个内容多种创意、一个创意多次开发、一次开发多种产品、一种产品多个形态、一次销售多条渠道、一次投入多次产出、一次产出多次增值的生产经营运行方式，进行出版物的立体开发，实现图书、电子出版、互联网出版、移动互联网出版的联动，利用林业行业特有的植物、动物、森林、湿地、沙漠等自然资源和园林、木作等人类创造的成果，以多种形式宣传生态文明。利用数字出版技术，通过知识服务，构建林业大数据，引领森林培育、资源管护、资源利用、森林防火、林业和草原有害生物防控、野生动植物保护、湿地保护、荒漠化防治等的现代林业建设，提升科研水平、教学水平、大众知识水平。

中国林业出版社大事记

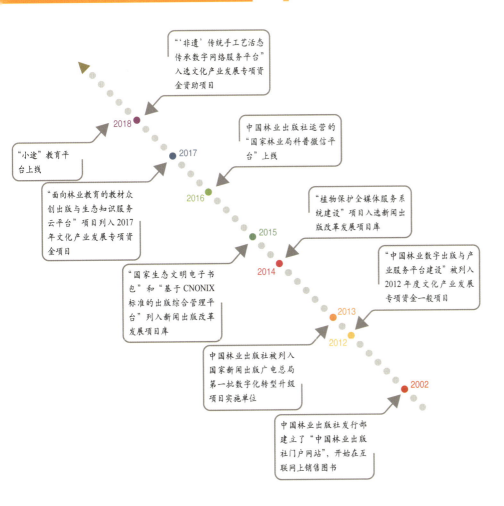

1952 年

林业部办公厅决定筹建中国林业出版社，成立了筹备组。

1953 年

3 月　　3 月 19 日由北京市人民政府新闻出版处发给《北京市书刊出版业营业许可证》（出字第 007 号）。

7 月　　经中央人民政府政务院财政经济委员会核准，登记并发给中国林业出版社营业执照（公字第

380号），经营书刊林业出版业务。发照时间为7月23日。

10月　林业部第27次部务会讨论机构问题，同意以部办公厅宣传编译科部分人员为基础正式组建中国林业出版社，成为独立单位，企业化经营，经费独立核算。部办公厅编译科科长文风兼出版社负责人，副科长丁方分管图书出版业务，副科长王振堂分管《中国林业》期刊出版与对外宣传业务。

1954 年

全社26人，设4个组，分管造林营林、森林工业与翻译书的编辑以及出版、财会等各项业务。

1955 年

6月　林业部第四、五次部务会议通过：中国林业出版社划为事业单位，隶属林业部办公厅领导。

9月　成立中文编辑室。为适应农业合作化时期林业生产的需要，开始组织编写一批通俗易懂的林业生产技术书稿和资料汇编、暂行办法、规程等。

1956 年

12月　中国林业出版社分成中国林业出版社和森林工业出版社两个出版社。

1957 年

中国林业出版社机构设置为3个室：中文编辑室、外文编辑室及办公室（包括出版、发行等）。

1958 年

3 月　　森林工业出版社与中国林业出版社合并为"中国林业出版社",职工 70 多人。机构设置为 3 个室：中文编辑室、外文编辑室及办公室（下设财务、出版、校对、发行等组）。

1960 年

农业部、林业部、农垦部、水产部和中央气象局分别主管的出版单位即农业出版社、中国林业出版社、农垦出版社与农业杂志社合并为农业出版社。中国林业出版社精简后的 11 人于 12 月 31 日并入农业出版社,成立林业编辑室。

1966 年

因"十年动乱"的冲击和影响,林业图书编辑出版工作基本处于停顿状态。

1969 年

2 月　　进驻农业部的军代表宣布撤销农业出版社。

1970 年

4 月　　农业出版社恢复,当时仅有 13 人。

1978 年

5 月　　农业出版社恢复林业编辑室。

12 月　中国林学会以林业专家的名义向国家农业委员会和农林部写报告,呼吁恢复中国林业出版社。同年,农业出版社也向农林部写报告,建议恢复中国林业出版社。

1979 年

农业出版社设立了森林工业编辑室,组织编写《林业技术知识丛书》《森林工业技术知识丛书》等。

1980 年

2 月　国家农委国农办字〔1980〕14 号文批示,同意恢复中国林业出版社。

3 月　国家出版事业管理局(80)出版字第 128 号文批示,同意恢复中国林业出版社。

8 月　中国出版工作者协会批准中国林业出版社入会。

1981 年

1 月　中国林业出版社财务独立核算,林业部批准中国林业出版社为事业单位。

3 月　《中国森林》编委会在京举行第三次会议。

5 月　社务会议决定在中国林业出版社出版部开展图书邮购业务。

1982 年

2 月　中国林学会主办的《森林与人类》(双月刊)创刊,由中国林业出版社出版。

8 月　中国林业出版社邮购部开业售书。

1984 年

3 月　中国林业出版社出版的《大熊猫来我家》被外文出版社译成英、法、德、日、俄等十几种文本出版,其中 3 万册德文版图书在德国莱比锡举行的国际图书博览会上被一购而空。这本书是中国林业出版社第一本以卡通画形式普及野生动物知识的幼儿读物。

9月	新中国成立以来，我国第一部《中华人民共和国森林法》由中国林业出版社正式出版，在一个月内发行100万册。
11月	中国林业出版社设立教材编审室，协同林业部教材编审领导小组办公室组织教材的编审工作。
12月	中国林业出版社邮购部改为发行部。

1985年

5月	中国林业出版社通过了财务管理、文书、档案管理、约稿合同、出版合同、社内优秀图书评奖办法、优秀封面和版式设计评奖办法、图书中美术作品及插图稿酬试行规定、书稿流转程序、审读意见单等试行办法。
12月	中国林业出版社成立了经营管理小组，并对17家科技出版社开展了调查研究。
	我国第一家林业专业书店——中南林业书店在湖南省怀化市开业。该店与中国林业出版社签约，成为中国林业出版社的特约经销书店。

1986年

| 7月 | 林业部部长办公会议决定，从1986年起编纂出版《中国林业年鉴》。为此，中国林业出版社设立了辞书年鉴编辑室。 |

1987年

3月	经北京市工商行政管理部门核准，同意中国林业出版社经营广告业务。
	中国林业出版社的特约经销处——武昌林业书店开业。
	林业部部长杨钟视察了中国林业出版社，并作

了重要指示：出版社要根据林业事业发展的需要，不断扩大事业。出书应以营林为基础，搞好多种经营、综合利用、以副养林、以工补林；应该面向林区、面向社会、面向林业行业、面向学校、面向世界。总之，要把局面打开，以满足多方面对林业图书的要求。

9月　　中国林业出版社《花卉及观赏树木栽培手册》《中国自然保护区——九寨沟》（中英文版）、《中国珍贵野生动物》（中英文版）、《中国新园林》等图书参加了第39届法兰克福国际图书博览会。

10月　　中国林业出版社图书参加了1987年莫斯科国际书展。

1988 年

10月　　中国林业出版社召开建社35周年座谈会。

1991 年

上半年　　中国林业出版社通过学习邓小平同志视察南方的讲话，开展了"深化出版改革"的大讨论，对出版社的发展方向、机构设置、经营管理机制、奖励办法等进行了深入研讨，为出版社的进一步改革与发展奠定了思想和工作基础。

12月　　林业部批复同意中国林业出版社提交的《关于深化出版改革的请示报告》，并明确了出版社实行党委领导下的社长负责制的领导体制，在改革中创新经营管理机制，改变传统的计划经济管理模式。

1994 年

1月　　中国林业出版社作为在京出版单位实施新的"图

书在版编目"国家标准。

6月　　制订《中国林业出版社图书出版合同管理办法》。

1996 年

11月　　中林书店经过扩建和内部装修，重新开业。
12月　　制订《中国林业出版社编辑业务工作条例（试行）》。

1997 年

7月　　中林书店从发行部剥离，试行承包经营、独立核算、自负盈亏。
10月　　中国林业出版社开出科技大篷车，送书下乡。
11月　　中国林业出版社被国家新闻出版署授予"全国良好出版社"称号。

1998 年

3月　　为进一步加强林业行业的教材出版工作，社编务会通过了《中国林业出版社关于加强林业院校高中等教材编辑出版工作的意见》。
5月　　为向企业化管理转型，进一步调整一书一卡、单书成本核算办法，制订了《编辑费用管理办法》《事业费用管理办法》。

2000 年

9月　　按照国家林业局计资司的工作部署，完成清产核资工作，加强资产管理，为转制做好财务基础准备。
　　　　制订新的《中国林业出版社图书出版合同管理办法》《中国林业出版社关于签订图书出版合同的规定》，修订《中国林业出版社关于图书书籍报酬的规定》。

2002 年

中国林业出版社发行部建立了"中国林业出版社门户网站",开始在互联网上销售图书。

2005 年

开展第四次全员聘用工作。

2007 年

7月　百善书库正式交付投入使用。

2009 年

3月　国家林业局办公室下发《关于进一步加强林业图书出版有关工作的通知》(办宣字〔2009〕31号)。

12月　向国家林业局上报《中国林业出版社转企改制工作方案》。

2010 年

1月　国家林业局批准《中国林业出版社转企改革工作方案》(林宣字〔2010〕3号)并上报中央各部门各单位出版社体制改革工作领导小组办公室。

3月　《中国林业出版社转企改制工作方案》获得批准(中出改办〔2010〕19号),中国林业出版社转企改制工作全面启动。

4月　启动转企改制清产核资工作。

2011 年

2月　办理工商登记,取得企业法人营业执照。这标志着中国林业出版社由事业单位正式转制为企

	业,正式成为国家林业局第一个整体转制企业的单位,结束了已运转近60年的事业体制。
5月	中国林业出版社向新闻出版总署申报的"中国数字森林博览馆建设与典型示范"项目被批准列入新闻出版改革发展项目库,实现了中国林业出版社有史以来承担国家重大项目零的突破。《中国树木志》和《木材学》作为中国林业出版社首批数字化出版试点图书。
11月	获得电子出版物出版权的批复。

2012年

8月	获得国家互联网出版许可。
12月	中国林业出版社"中国林业数字出版与产业服务平台建设"被列入2012年度文化产业发展专项资金一般项目。

2013年

2月	根据国家新闻出版广电总局《关于开展传统出版单位转型示范工作的通知》(新出字〔2012〕316号)要求,中国林业出版社完成材料准备工作,上报总局。
5月	"中国林业出版按需印刷系统"项目被批准为国家新闻出版改革发展项目库2013年度入库项目。
12月	中国林业出版社被列入国家新闻出版广电总局第一批数字化转型升级项目实施单位。

2014年

9月	中国林业出版社"植物保护全媒体服务系统建设"项目入选新闻出版改革发展项目库。
11月	中国林业出版社在中国MPR(多媒体印刷读物)

中心注册成功。

为了进一步做好数字出版转型升级工作,中国林业出版社成立了"中国林业出版社数字出版企业标准工作组"。

中国林业出版社"中国林业数字资源库"列入中央文化企业资本经营预算项目。

2015 年

4 月　　中国林业出版社申报的"国家生态文明电子书包""基于 CNONIX 标准的出版综合管理平台"2 个项目被批准列入新闻出版改革发展项目库。

7 月　　中国林业出版社组织召开了"中国林业数字资源库建设项目实施方案评审会暨生态知识服务专家委员会成立会",国家林业局党组成员、副局长彭有冬同志出席会议并作了重要讲话,中央宣传部、国家新闻出版广电总局有关负责人及专家委员会成员参加会议,此举标志着中国林业出版社林业数字资源库建设步入实质性阶段。

8 月　　中国林业出版社申报了中央文化企业数字内容运营平台建设项目——国家生态知识服务运营平台建设。

10 月　　中央文化产业发展专项资金项目"中国林业按需出版系统"通过验收。

2016 年

3 月　　中国林业出版社召开国家林业局软科学项目"中国林业媒体融合与发展研究"项目启动会。本项目由中国林业出版社主持,联合北京印刷学院、国家林业局信息中心、国家林业局宣传中心、中国绿色时报社和中国林学会《林业科学》编辑部共同实施。

5月　中国林业出版社申报的"绿色中国漫记——践行生态文明系列动漫"项目获批，并列入2016年度新闻出版改革发展项目库。

5月　在"2016年全国林业科技活动周"启动仪式上，国家林业局科技司司长胡章翠等领导同志与刘东黎总编辑共同为中国林业出版社运营的"国家林业局科普微信平台"揭牌。

6月　中国林业出版社申请设立"出版融合发展重点实验室"专家咨询会在京召开。

6月　中国林业出版社数字转型升级项目"中国林业出版社商务网站"验收会在中国林业出版社举行，网站网址为www.cfph.net。该网站于7月15日正式开通运行。

12月　"国家数字林业重点实验室"获批。

2017年

3月　中国林业出版社数字出版转型升级项目数据加工完成验收。1691个深加工和121个粗加工的出版物数据通过验收并投入使用，用户可在林业智库（www.cfpheks.com）查询阅读。

中国林业出版社牵头并召集北京林业大学、中国林业科学研究院等4家合作单位，召开了国家数字林业重点实验室挂牌仪式暨第一次工作会议筹备会，重点研究实验室的组织机构、管理制度及重点工作等内容。

10月　中国林业出版社"面向林业教育的教材众创出版与生态知识服务云平台"项目被国家新闻出版广电总局列入2017年文化产业发展专项资金

项目。

2018 年

1 月　　中国林业出版社《"非遗"传统手工艺活态传承数字网络服务平台》入选文化产业发展专项资金资助项目。
　　　　中国林业出版社与北京小米科技有限责任公司开展合作,通过小米手机等平台宣传中国林业出版社图书。

12 月　　"小途"教育平台上线运营。

第三章
林业期刊融合发展研究

伴随着互联网技术的普及，信息传播领域发生了巨大的革新。丰富的信息交流手段加速了信息的流动，改变了交流方式，重塑了受众。作为传播各类内容的重要载体，期刊传播环境的周期性变化必然导致期刊某些变化的发生。传播环境的改变一方面给专业类期刊带来了一定的冲击，另一方面也为其信息沟通、传播模式提供了新的手段。新媒体的大量覆盖也推动着传统期刊大胆革新，用传统媒体的优势与新媒体优势相结合，伴随时代的步伐，实现全媒体运营、多平台发布的运行模式，使期刊自身价值也得到进一步提升，也让学术信息的传播迸发出更大的能量。

2017年1月12日中国互联网络信息中心（CNNIC）发布的《第39次中国互联网络发展状况统计报告》显示：截至2016年12月底，中国互联网用户规模已达到7.31亿，互联网的普及率为53.2%。我国2016年全年共计新增网民4299万人，增长率为6.2%，我国网民规模已经相当于欧洲人口总量。其中，手机用户达6.95亿人，占95.1%，增长速度连续3年超过10%。而从互联网用户使用的各类网络应用中来看，新媒体应用占据了首要位置。

自党的十八大以来，我国高度重视生态文明建设，林业迎来了发展的新机遇。林业期刊在宣传党的林业方针政策、法律法规，搭建林业学术交流平台，普及林业科学知识，推动林业产学研结合等方面发挥着不可替代的重要作用，在实现中华民族"美丽中国"新目标的进程中是一支不可或缺的媒体力量。了解、分析林业期刊的基本情况，为林业期刊传统媒体与新媒体的融合提出建议，对林业期刊的发展有重要的意义。本研究根据2016年中国期刊统计数据，对采集到的113种林业期刊数据进行分析，以期对林业期刊在新媒体时代的发展提供帮助。

一、媒体融合背景下林业期刊融合发展现状

根据2016年中国期刊统计数据，全国共有113种林业期刊（表3-1）。其中重要的38种林业期刊的相关信息见表3-2。

表3-1　113种林业期刊分类情况

分类	主办单位					期刊性质			文种	
	全国绿化委员会	原国家林业局及直属事业单位	全国性学会、协会	农林高校	省级林业厅林学会、林业科研单位	法律类	社科类	科技类	中文	外文
数量	1	27	10	28	47	1	19	93	110	3

（一）分类情况

1. 按照主办单位分

依据主办单位分类，可将全国林业期刊分为5类。第一类为全国绿化委员会主办的林业期刊，共1种，为全国绿化委员会办公室主办的《国土绿化》；第二类为原国家林业局及直属事业单位主办的林业期刊，共27种，主要有国家林业局政法司主办的《国家林业局公报》、中国林业科学研究院主办的《林业科学研究》、中国绿色时报社主办的《中

表 3-2　重要的 38 种林业期刊

序号	报刊名称	主办单位	发行量	经费来源	刊期
社科期刊 9 种（由宣传办公室日常管理）					
1	中国林业	中国绿色时报社	13000 册	自收自支	半月刊
2	绿色中国	国家林业局经济发展研究中心	14000 册	自收自支	半月刊
3	中国花卉园艺	中国花卉协会	8000 册	自收自支	半月刊
4	国土绿化	全国绿化委员会办公室	26000 册	事业经费	月刊
5	生态文化	中国林业文联	4300 册	自收自支	双月刊
6	国家林业局管理干部学院学报	国家林业局管理干部学院	800 册	事业经费	季刊
7	国家林业局公报	国家林业局政策法规司	3500 册	事业经费	不定期
8	林业植物新品种保护公报	国家林业局植物新品种保护办公室	1500 册	事业经费	不定期
9	森林公安	南京森林警察学院	3500 册	自收自支	双月
科技期刊 29 种（由科学技术司日常管理）					
1	林业经济	国家林业局经济发展研究中心	5500 册	自收自支	月刊
2	湿地科学与管理	中国林业科学研究院	2500 册	事业经费	季刊
3	林业劳动安全	国家林业局哈尔滨林业机械研究所	800 册	事业经费	季刊
4	林业建设	中国林业工程建设协会、国家林业局昆明勘察设计院	800 册	事业经费	双月刊
5	森林防火	南京森林警察学院	1500 册	事业经费	季刊
6	中国林业产业	中国林产品经销协会、中国林科院科信所	10000 册	事业经费	月刊
7	中国林业科技（英文版）	中国林业科学研究院	以赠送为主	事业经费	季刊
8	中国城市林业	中国林业科学研究院	2000 册	事业经费	双月刊
9	世界林业研究	中国林业科学研究院科技信息研究所	500 册	事业经费	双月刊
10	世界竹藤通讯	中国林业科学研究院科技信息研究所	500 册	事业经费	季刊
11	林业科学研究	中国林业科学研究院	1200 册	事业经费	双月刊
12	木材工业	中国林业科学研究院	4000 册	自收自支	双月刊
13	林业资源管理	国家林业局调查规划设计院	1200 册	事业经费	双月刊

序号	报刊名称	主办单位	发行量	经费来源	刊期
14	竹子研究汇刊	国家林业局竹子研究开发中心、中国林学会竹子分会、浙江省林业科学研究院	1600册	事业经费	季刊
15	林产化学与工业	中国林科院林产化学研究所、中国林学会林产化学化工分会	1200册	事业经费	双月刊
16	生物质化学工程	中国林科院林产化工研究所	500册	事业经费	双月刊
17	中南林业调查规划	国家林业局中南林业调查规划设计院	800册	事业经费	季刊
18	华东森林经理	国家林业局华东林业调查规划设计院、中国林学会森林经理分会华东地区研究会、全国林业调查规划科技信息网华东大区站	1000册	事业经费	季刊
19	桉树科技	国家林业局桉树研究开发中心、中国林学会桉树专业委员会	800册	事业经费	半年刊
20	中国森林病虫	国家林业局森林病虫害防治总站	7000册	事业经费	双月刊
21	木材加工机械	国家林业局北京林业机械研究所	3000册	部分事业经费	双月刊
22	林产工业	国家林业局林产工业规划设计院、中国林产工业协会	3000册	自收自支	双月刊
23	中国人造板	国家林业局科技发展中心	4000册	自收自支	月刊
24	林业实用技术	中国林业科学研究院科技信息研究所	3000册	事业经费	月刊
25	国际木业	中国林业科学研究院科技信息研究所	3000册	部分事业经费	月刊
26	林业机械与木工设备	国家林业局哈尔滨林业机械研究所	4000册	部分事业经费	月刊
27	森林与人类	中国绿色时报社 中国林学会	6000册	自收自支	月刊
28	中国绿色画报	中国林业科学研究院科技信息研究所	5000册	自收自支	月刊
29	野生动物	国家濒危物种进出口管理办公室、东北林业大学、中国野生动物保护协会	1000册	事业经费	双月刊

国林业》和《森林与人类》等；第三类为全国性学会、协会主办的林业期刊，共10种，主要有中国林学会主办的《林业科学》、中国林业经济学会主办的《林业经济》、中国生态文化协会主办的《生态文明世界》、中国水土保持学会主办的《中国水土保持科学》等；第四类为农林高校主办的林业期刊，共28种，主要有北京林业大学主办的《北京林业大学学报》、中南林业科技大学主办的《中南林业科技大学学报》、西北农林科技大学主办的《西北农林科技大学学报》等；第五类为省级林业厅、林学会、林业科研单位主办的林业期刊，共47种，主要有国家林业局三北防护林建设局、黑龙江省森林与环境科学研究院、黑龙江省三北林业建设指导站主办的《防护林科技》，海南省林学会、海南省林业科学研究所主办的《热带林业》，湖北省林业科学研究院主办的《湖北林业科技》等。

2. 按照期刊性质分

依据期刊性质分类，可将全国林业期刊分为3类。第一类为法律类林业期刊，共1种，为原国家林业局政法司主办的《国家林业局公报》；第二类为社科类林业期刊，共19种，主要有国家林业局经济发展研究中心主办的《绿色中国》，中国会计学会林业分会、东北林业大学主办的《绿色财会》，福建农林大学主办的《林业经济问题》等；第三类为科技类林业期刊，共93种，主要有中国林学会主办的《林业科学》、北京林业大学主办的《北京林业大学学报》、中南林业科技大学主办的《中南林业科技大学学报》等。

3. 按照文种分

依据文种分类，可将全国林业期刊分为2类。第一类为中文类林业期刊，共110种。其中，汉语类林业期刊共109种，分别有法律类的由国家林业局政法司主办的《国家林业局公报》等；社科类的由中国林业科学研究院主办的《湿地科学与管理》、江西农业大学主办的《农林经济管理学报》、南京森林警察学院主办的《森林公安》等；科技类的由中国林业科学研究院主办的《林业科学研究》、南京林业大学主办的《南京林业大学学报（自然科学版）》、浙江农林大学主办的《浙江农林大学学报》等；维吾尔语类林业期刊共 1 种，为新疆维吾尔自治区林业宣传信息中心主办的《新疆林业（维文版）》。第二类为外文类林业期刊，共 3 种，分别为：北京林业大学主办的《Forest Ecosystems》（《森林生态系统》）和《Avian Research》（《鸟类学研究》），东北林业大学主办的《Journal of Forestry Research》（《林业研究》）。

（二）新媒体应用统计情况

针对截至 2016 年出版的 113 种林业期刊，分别从网站、微博、微信、APP 四个方面对其新媒体使用情况进行统计，结果如表 3-3。

表 3-3　113 种林业期刊新媒体使用情况

名称	网站		微博		微信		APP	
有或无	有	无	有	无	有	无	有	无
数量（家）	81	32	5	108	21	92	1	112
占比（%）	71.70	28.30	4.40	95.60	18.60	81.40	0.90	99.10

由于网站方面所涉及内容较多，故将其单独进行统计。113 种正式出版的林业期刊中拥有自己网站的共 81 家，其相关数据统计如表 3-4 所示。

表 3-4　81 家林业期刊网站数据统计

名称	是否中英文		是否开放存取		是否在线采编		日访问量（次）			全文上网或摘要		PDF 或 Html		
情况	是	否	是	否	是	否	0～50	51～100	>100	全文上网	摘要	PDF	Html	既是 PDF 又是 Html
数量（家）	25	56	35	46	54	27	68	6	7	56	25	57	22	2
占比（%）	72.7	28.3	43.2	56.8	66.7	33.3	84.0	7.4	8.6	69.1	30.9	70.3	27.2	2.5

二、以林业科技类期刊（核心）为例分析媒体融合使用情况

2016年，我国林业期刊共计113种，其中，林业科技类期刊有93种，占比高达82.3%。依据2016年版《中国科技期刊引证报告（核心版）·自然科学卷》数据为例，所入围的23种林业科技类期刊（核心）数据情况统计如表3-5所示。并以23种林业科技类期刊（核心）中前10名的期刊为研究对象（表3-6），分别从网站、微博、微信、APP四个方面对新媒体使用情况进行统计和分析，希望为林业期刊在媒体融合背景下更好的发展提供参考。

林业科技类期刊（核心）前10名的期刊分别为《林业科学》《北京林业大学学报》《中南林业科技大学学报》《林业科学研究》《南京林业大学学报（自然科学版）》《浙江农林大学学报》《经济林研究》《东北林业大学学报》《森林与环境学报》和《林产化学与工业》。

（一）网站

网站是新媒体时代期刊宣传和展示的重要窗口。它为读者提供了一个很好的平台，如论文传播和检索、作者投稿、专家审稿等多个方面，同时也是编辑部提高工作效率、扩大期刊的市场占有率、吸引国内外读者、提高期刊竞争力、促进期刊规范化管理的有效途径。因此，期刊网站建设已成为提高期刊综合实力的必由之路。

现对10种期刊建设网站情况进行统计（表3-6），由表3-6可以看出10种期刊都已开通自己的网站。其中，6种期刊拥有中英文两个语言版本的网站，占10种期刊总数的60%。大部分期刊都使用全文上网方式进行开放获取，并都通过PDF模式进行浏览（其中，2种期刊同时拥有PDF和Html的模式进行浏览，占10种期刊总数的

表 3-5 入围 2015 年核心期刊的 23 种林业期刊数据统计

期刊名称	总被引频次 数值	排名	离均差率	影响因子 数值	排名	离均差率	学科扩散指标	学科影响指标	综合评价总分 数值	排名
林业科学	4594	1	2.90	1.027	3	0.83	16.30	1.00	87.49	1
北京林业大学学报	2274	3	0.93	0.915	4	0.63	14.57	1.00	70.34	2
中南林业科技大学学报	2271	4	0.93	1.058	2	0.89	15.39	1.00	61.74	3
林业科学研究	1969	6	0.67	0.682	7	0.22	10.00	0.87	60.53	4
南京林业大学学报（自然科学版）	1678	7	0.42	0.687	6	0.23	13.74	1.00	59.87	5
浙江农林大学学报	1085	10	−0.08	0.603	9	0.08	11.04	1.00	57.43	6
经济林研究	1096	9	−0.07	1.186	1	1.12	7.35	0.78	56.83	7
东北林业大学学报	2427	2	1.06	0.540	11	−0.04	16.35	1.00	55.63	8
森林与环境学报	669	13	−0.43	0.667	8	0.19	7.22	0.87	51.25	9
林产化学与工业	890	12	−0.24	0.472	14	−0.16	11.35	0.78	49.73	10
西南林业大学学报	511	14	−0.57	0.527	12	−0.06	7.04	0.96	43.47	11
西北林学院学报	2234	5	0.90	0.688	5	0.23	12.96	0.96	41.79	12
林业科技开发	904	11	−0.23	0.397	15	−0.29	8.35	1.00	40.72	13
西部林业科学	502	15	−0.57	0.513	13	−0.08	5.17	0.78	34.41	14
Journal of Forestry Research（林业研究）	416	19	−0.65	0.293	21	−0.48	6.09	0.78	33.59	15
广西林业科学	417	18	−0.65	0.303	19	−0.46	4.91	0.87	26.20	16
竹子研究汇刊	315	22	−0.73	0.250	22	−0.55	3.48	0.70	24.84	17
木材工业	436	16	−0.63	0.357	16	−0.36	3.52	0.74	24.51	18
桉树科技	153	23	−0.87	0.586	10	0.05	2.09	0.65	21.60	19
林业调查规划	354	20	−0.70	0.173	23	−0.69	5.83	0.83	21.10	20
森林工程	428	17	−0.64	0.303	19	−0.46	6.22	0.74	17.74	21
中国园林	1123	8	−0.05	0.304	18	−0.46	7.57	0.65	13.19	22
林产工业	341	21	−0.71	0.357	16	−0.36	3.17	0.78	8.91	23

表 3-6 林业科技类期刊（核心）前 10 名媒体融合使用情况

期刊名称	网站						微博		微信					APP	
	是否中英文	是否开放获取	是否在线采编	日访问量（人次）	全文上网还是摘要	PDF还是html	是	否	是				否	是	否
									微信名称	微信号	最近一次更新	互动情况			
林业科学	是	是	是	144	全文	PDF/html		✓	林业科学	linykx	2016.12.22	一般			✓
北京林业大学学报	是	是	是	79	全文	PDF		✓	北京林业大学学报	bldxeb	2017.04.12	一般			✓
中南林业科技大学学报	否	是	是	7	全文	PDF			中南林业科技大学学报	znlykjdxxb	2017.05.07	一般			✓
林业科学研究	否	是	是	76	全文	PDF		✓					✓		✓
南京林业大学学报（自然科学版）	是	是	是	1	全文	PDF		✓					✓		✓
浙江农林大学学报	是	是	是	1	全文	PDF/html		✓	浙江农林大学学报	zjnlddxxb	2017.05.16	一般			✓
经济林研究	否	是	是	1	全文	PDF		✓	经济林研究	jingjilinyanjiu	2017.05.17	一般			✓
东北林业大学学报	是	是	是	110	全文	PDF		✓					✓		✓
森林与环境学报	否	是	是	1	全文	PDF		✓					✓		✓
林产化学与工业	是	是	是	6	全文	PDF		✓					✓		✓

20%），同时都拥有在线采编系统。网站日访问量在0～50人次的期刊有6种，占10种期刊总数的60%；日访问量在51～100人次的期刊有2种，占10种期刊总数的20%；日访问量大于100人次的期刊有2种，占10种期刊总数的20%。

由以上数据可以得出，大部分期刊对于网站的建设非常重视，其原因有以下几点：一是科技期刊网站是展示期刊形象、传播品牌价值的重要的数字化平台，可实现数字出版、学科动态发布、专业读（作）者聚集等功能。二是在运营上期刊掌控主动权，相较于刚刚起步的新媒体工具较为成熟，其成本投入也远低于开发APP应用等。尤其是英文网站的建设不仅可以吸引海外论文和国际数据库的注意，更有利于国际化战略的实施。三是国内林业科技期刊网站的内容和功能建设尚处于起步阶段，交互性较弱，信息服务较差。各个林业期刊应在互联网发展的契机中，依据期刊的不同办刊特色、读者定位等，建设具有自身特色的网站，以提高专业稿件的质量、增进读者的黏合度、扩大期刊的影响力和国际竞争力。

（二）微博

期刊的微博平台主要功能有传播期刊内容、普及科学知识、发布科技前沿热点以及会议信息等。通过开通其官方微博可实现读者、作者和编者三者之间的良性互动，同时展现期刊自身的学术水平以及扩大其自身的影响力，为期刊多维度发展提供可能。

现对10种期刊使用微博情况进行统计（表3-6），由表3-6可以看出10种期刊都没有开通微博，而没进前10的期刊如《森林与人类》，其微博《森林与人类杂志》获得了微博认证，更新微博1735条，有粉丝25000多位，着重更新与人们息息相关的动植物信息，深受读者喜爱。

由以上数据可以得出，大部分期刊对于微博的使用率不高。其原因有以下两点：一是由微博的用户群体决定。根据《2015—2016年我国数字产业报告》，微博的收益主要来源于视频、娱乐、粉丝打赏等项目，且微博用户使用门槛低，用户的层次分布跨度大，这也就在一定程度上限制了科技类期刊的传播范围。二是各个期刊媒体融合方式的差异化。个别期刊由于自身期刊性质、办刊理念及评审标准等因素，新媒体的使用范围有限，不对公众进行大范围的稿件受理，因此也造成了在微博领域使用的空白。

（三）微信

微信作为一种新媒体，用其进行内容推送，为传统期刊融入新媒体拓宽了渠道。微信已经对期刊原有的形式和内容进行了重新组合，以满足大众的碎片化阅读。微信公众号具备自定义菜单功能，使微信公众平台不但成为期刊官方信息发布平台，也可以使用其公共平台进行新闻发布、客户服务等活动。

由表3-6可以看出开通和未开通微信的期刊各是5种，占比都是50%。就5种已经开通微信功能的期刊来看，微信发布内容质量较高、读者群体相对稳定，但更新的频率不是很高，与读者的互动情况不是很好。前10名的期刊微信公众号不活跃的不在少数，而没进前10的期刊如《木材工业》其微信公众号《木材工业杂志》办得很有特色，栏目有"信息咨询""微信小店""广告洽谈"等，信息量大，更新频率可以做到一周至少3次。由以上数据可以得出，大部分期刊对于微信的使用率较高。其原因如下：一是纸质期刊通过与微信相结合，能够弥补传统期刊某方面的不足，它在创新模式和用户体验度等方面具有很大的优势。科技期刊微信平台的受众群体跟科技期刊的受众群体基本吻合，他们基本都是科研工作者，订阅相关期刊微信公众号均出自理性需求，具有较强的针对性和功利性。二是科技类期刊作为传播知识的重要手段，具有一定的逻辑性、严谨性以及连续阅读等特点。但诸如微信的新媒体传播手段所传递的一般都是碎片化内容，其适用于发布非期刊主体内容，例如，摘要、稿件信息、最新目录等。媒体融合对于期刊的发展来说是件好事，但任重而道远。各种期刊要依托其办刊特色、受众群体、合理化需求等方面，理性地判断是否需要开通的微信等新媒体传播功能，不能盲目地跟风。

（四）APP

APP（应用程序，Application）主要指安装在智能手机上的软件。它的作用是支持更多交互式设计，拥有更好的用户体验等。

由表3-6可以看出，10种期刊都没有使用APP。其原因有以下两点：一是成本问题。期刊的APP制作在国内的发展相对缓慢，前期开发和建模都要根据期刊自身需求量身打造，其成本耗费高，后期的宣传投入大。二是后期维护问题。对于APP来说，必须有后台管理和定时维护升级，这对于目前的大多数出版社来讲还存在着一定技术上的障碍。

三、媒体融合背景下林业期刊发展优势与劣势

（一）优势

1. 林业发展关乎民族长远大计

党的十八大以来，党中央、国务院把林业发展和生态文明建设作为国家工作的重点。生态文明建设是国家五位一体总体布局的重要组成部分，绿色发展是指导当前工作五大发展理念的重要内容，是关系人民福祉、关

乎民族未来的长远大计,在这样的时代机遇之下,林业发展也势必会迎来新的机遇。

林业期刊作为宣传林业方面知识的重要传播手段之一,有着无可替代的作用。应把握好新时代的新机遇,使林业期刊在生态文明建设的大环境下,借助互联网媒体融合之力,成功实现转型升级。

2. 林业期刊网站能与国内外读者和作者进行信息沟通

林业期刊网站的主要功能可以分为内容发布、在线投稿、在线办公、学术期刊相关信息提供等功能。大部分林业期刊都比较重视其网站建设,通过网站这一平台拉近编辑与读者和作者之间的距离,并且能够及时、更好地沟通。大多数林业期刊重视英文网站的设计与建设,逐渐缩小与国际优秀林业期刊之间的差距,争取在全球林业学术出版的激烈角逐中牢牢掌握话语权,塑造自身品牌形象的同时为我国科技期刊国际发展战略的实施保驾护航。

3. 有利于信息更快和更广泛地传播

在媒体融合背景下,数字化林业期刊传播的时间与速度受到的限制越来越小。正式期刊的内容可以在其网站上进行传播,与读者关系密切的相关信息如征稿启事、最新目录、读者须知、最新办刊动态等可以通过微博、微信等进行发送,两者相辅相成更好地促进林业期刊的宣传推广。传统的媒体传播速度慢,信息传播环节繁杂;而相比之下,新媒体信息传播省去很多中间环节,信息传播及时。新媒体背景下的林业期刊与传统期刊相比,通过网站、微博、微信、APP 等手段进行文字、图片、视频等方式传播,不受时间与空间的限制,更加快了传播速度与开放存取。

4. 受众的黏合度更高

由于林业期刊的内容是针对于林业整个行业的观察和思考,具有较强的专业性和整体性,它不同于大众传媒,其主要以信息化和娱乐性为基础。因此，林业期刊的读者一般是林业专业的从业人员或者林业专业的高校学生，而由于其内容对日常工作学习具有现实借鉴和指导意义，所以林业期刊和受众之间的联系更加紧密，也拥有更高的黏合度。

（二）劣势

1. 缺乏具有媒体融合思维的复合型编辑专业人才

媒体融合最关键的节点是人才的复合，而思维方式的转变才是实现人才复合的根源所在。缺乏复合型编辑人才，使林业期刊很难实现真正意义上的媒体融合。未来的媒体人才更需要会用全媒体的思维理念做好选题策划，利用媒体融合开发出衍生产品，用新技术手段做好学术传播。媒体融合需要编辑用互联网思维开发适合各种媒体同时传播的多媒体产品，这就要求编辑要拥有互联网背景下的用户思维，既要懂林业期刊的专业学术论文知识，又要懂网络媒体知识，还要懂新媒体的策划设计、编辑制作和运营。

2. 林业期刊数字出版情况远远落后于媒体融合的需要

目前，林业期刊的整体数字化发展情况不太理想，大多数林业期刊的数字化出版甚至还未起步。而且，就现阶段林业期刊的数字出版情况而言，也尚有一些行业共性的技术问题没有解决，这些问题也成为数字出版乃至媒体融合发展的瓶颈所在。

相对于传统媒体，微博、微信等新媒体最大的优势在于传播者能与受众进行互动。然而，在当前林业期刊信息传播的过程中，由于传统媒体与新媒体在融合范围上不全面，导致信息传播的全产业链并未被打通，新媒体传播的时效性等特点无法真正发挥优势。这也正说明，林业期刊的融合并未完全融入社会实践之中，在各个领域提供的平台之上还未将自己的优势和特点发挥出来，与社会实践还存在脱节现象。

3. 林业期刊现有加工和传播方式不适应媒体融合

媒介融合技术的出现改变了传统出版业的进程，林业期刊由单一的纸质出版转向跨媒体出版。传统的纸质林业期刊只能给读者提供一段时间内的整本纸质产品，而新媒体下的林业期刊可以给读者提供单篇时效性较强的文章。由此看来，林业期刊要获得良好的传播效果，也要努力做到发行渠道多样化。而现有的大多数林业期刊和所有行业期刊一样，纸质版处于不断萎缩状态，信息的主要获取方式为在线阅读，而纸质版内容在作者晋级申请、职称评定和图书馆馆藏等方面依然有重要价值。虽然大多数林业期刊都有自己的网站，但基本上都是由专门的采编公司制作的，网站的显示方式非常相似，缺乏个性化服务，且期刊编辑部往往限于人力、物力及技术人才缺乏等因素的影响，网站的网页更新缓慢，网页的维护也不及时，能够及时对论文进行全面审读和校对的编辑部凤毛麟角。

4. 媒体融合模式尚处于单打独斗阶段，没有形成合力

媒体融合不是一家期刊就可以做大做强的。一家期刊可以使用新媒体来宣传自己的内容产品，为其造势、提供服务，但新媒体的运用必然是新技术、新力量的全面介入，是一种合作，共赢才是成功的基础。单一期刊的媒体融合可以做出点成就，但不成规模也就无法做深做广。要用借力用力的思想，走合作、集团化、协同发展之路，尝试建立基于不同范围、不同广度的林业期刊出版集团。

四、媒体融合背景下林业期刊发展对策与建议

（一）加大政策和扶持力度

林业在国民经济中具有很重要的地位，同时生态环

境也影响到人们的生活质量。作为普及和推广林业知识的期刊，同样应当得到各级政府部门和群众的重视，尤其是当前中央大力推进现代林业的发展，更是应当加大对林业政策和现代林业科技知识的宣传普及。而现实情况是，林业期刊在过去以公费订阅为主，发行量可观；而现在则是以少量自发订阅、部分政府采购和主动赠阅来撑起发行量。

（二）内容质量是关键

作为一种传统的小众纸质媒体，林业期刊要在媒体融合的背景下取得新的发展，逐步过渡到多媒体出版，必须以期刊的内容质量为基础。好的内容首先是要有优秀的作者群体来支撑。经过多年的发展，林业科普期刊一般都有一支从事农业研究、生产的专家学者队伍作为专家库，提供具有较高价值的原创文章。专业化的内容制作，高质量的原创文章通过多年积累的强大采编团队、权威信息资源、规范的编辑流程而得以实现。同时，把期刊的内容生产与新媒体信息发布的速度和广度优势相结合，为互联网的交互性和碎片化需求提供了"短、精、快"的优质内容，以适应新媒体传播渠道的变化。

（三）以复合型人才为保障

在新媒体时代，编辑不仅要面对纸质稿件，还要面对电子稿件，审稿和校对电子文稿也并不容易。电子稿件由于媒体融合下的多元化特点，包含文字、图像甚至声音和多媒体。因此，编辑不仅仅要掌握传统的编校理论和方法，更要在林业专业基础上，掌握计算机及新型网络技术，从文字到图像制作、再到电子文件处理，将高科技的网络技术运用到工作中，保障专业精、技术强，适应新媒体时代下的电子稿件审稿需要。正是这样的时代要求，编辑更不能止步于传统知识，要实现自身单一型人才向多元化人才的转型，保障在学科内专业独立的主导权和话语权，最大限度地发挥人才潜力。

（四）促进更深层次的媒体融合

媒体融合不是"传统媒体＋新媒体"式的伪融合。融合的不仅是传播手段、传播方式的多样化，而且还有传播观念和思维方式的变化。这就要求林业期刊的编辑人员要用互联网思维方式进行经营管理。与传统媒体相比，新媒体具有更新速度快、数据海量、简单易得、几乎免费等优点。但是新媒体也存在一些问题，如信息来源不明，没有经过严格的编辑校对程序，容易以讹传讹或错误较多。新媒体还受到篇幅有限和碎片化阅读习惯的影响，较难深入介绍林业相关知识。

新媒体在信息时代具有非常广泛的受众，但是这些受众一般与媒体本身的联系并不是很紧密，而不像传统媒体一样有较为稳定的读者或者观众群体。传统媒体提供的内容经过了严格的加工过程，因此提供的内容更准确、权威、实用、可靠、严谨，代表党和政府的公信力形象。传统媒体还拥有积累多年的专家作者资源。因此，加强媒体之间的合作，如纸媒、电视、广播、互联网的联动势在必行，新媒体与传统媒体的融合将会成为互联网时代一个划时代的发展产物和传播途径。

（五）媒体融合要善借外力

我国林业期刊普遍存在小而散的问题，与国外的一些集团化、规模化的林业期刊集团相比，明显势单力薄。对于大部分仍在单打独斗的林业期刊来说，要走集团化的发展之路，在管理体制、运行机制等方面都存在不少的困难。新媒体时代的到来，为这些林业期刊的发展提供了难得的机遇，提供了新的走集团化发展的合作思路。当今社会小而全的发展模式已不适合新媒体的发展环境，仅凭一家或几家林业期刊的力量走媒体融合之路，无论是可提供的内容还是专业人员数量、运行资金等方面都存在不少困难。建立同行业、跨区域的林业期刊集团，既可以实现出版资源的有效整合，避免重复开发造成的资源浪费，又可以有效解决人才、资金短缺的问题。

五、结语

随着信息技术的飞速发展，出版业面临向新媒体方向进行转型升级。在新媒体的冲击下，传统出版方式的发展受到阻碍，媒体融合下的联合出版使林业期刊从传统出版走向新媒体出版，这也是林业期刊今后发展的必然趋势。虽然数字媒体的出现对传统媒体产生了巨大的冲击，但传统媒体在内容的质量上仍优于数字媒体，而且从全球范围来看，纸质媒体在危机中仍然处于增长的态势。纸质媒体在应对数字化时代到来的过程中应当实现转型，多走媒体融合的道路。

随着我国林业的快速发展，林业期刊事业发展也将推陈出新。林业期刊在宣传林业政策法规、实现林业科技成果转化、促进林业现代化发展等方面扮演着非常重要的角色。新媒体的出现对林业期刊的发展是把双刃剑，它不仅能够带来信息的快速发布以及获得途径变多等优势，同时也会带来信息真假难以分辨等负面影响。传统林业期刊自身是具备一定优势的，在未来的发展中需要将传统出版与新媒体出版两个形式融合在一起，通过专业化定位、多媒体共同发展、采取多种营销策略以及抓住政策机遇，林业期刊一定能展现出强大的生命力，并为我国的林业发展做出应有的贡献。

32 种重要林业期刊出版信息

刊名 林业科学

国内统一连续出版物号 CN11-1908/S

创刊年 1955

刊期 月刊

主管部门 中国科学技术协会

主办单位 中国林学会

主编 尹伟伦

地址 北京市万寿山后中国林学会 100091

网址 http://www.linyekexue.net

《林业科学》创刊于 1955 年，著名林学家、教育家、中华人民共和国首任林垦部部长梁希先生亲笔题写了刊名。著名林学家陈嵘、郑万钧、吴中伦、沈国舫都曾担任主编，现任主编为中国工程院院士尹伟伦。《林业科学》曾多次获得中宣部、国家科学技术委员会和中国科学技术协会的表彰，先后 3 次被新闻出版总署评为国家期刊奖（第一、二届）和提名奖（第三届），中国出版政府奖提名奖（第四届）；2009 年，被评为"新中国 60 年有影响力的期刊"；2013 年，被国家新闻出版广电总局推荐为"百强报刊"；先后 14 次被中国科学技术信息研究所评为"百种中国杰出学术期刊"；连续 5 次被中国知网等单位评为"中国国际影响力优秀学术期刊"。从 2006 年起至今，连续 4 期入选中国科学技术协会精品期刊工程项目。被中国知网、万方数据及 CA、文摘杂志等国内外多家知名数据库收录。从 2016 年 1 月起，被《工程索引》（EI Compendex）收录，是现在中国大陆唯一被收录的林业类科技期刊。2016 年 5 月被（Elsevier）Scopus 数据库收录。

中国林业媒体融合发展研究报告

创刊 60 周年纪念会合影

创刊号

封面

获奖情况

刊名　北京林业大学学报

国内统一连续出版物号　CN11-1932/S

创刊年　1979

刊期　月刊

主管部门　中华人民共和国教育部

主办单位　北京林业大学

主编　尹伟伦

地址　北京市海淀区清华东路35号北京林业大学 100083

网址　http://journal.bjfu.edu.cn

刊名　中南林业科技大学学报

国内统一连续出版物号　CN43-1470/S

创刊年　1981

刊期　月刊

主管部门　湖南省教育厅

主办单位　中南林业科技大学

主编　赵运林

地址　湖南省长沙市韶山南路498号中南林业科技大学 410004

网址　http://qks.csuft.edu.cn

刊名　林业科学研究

国内统一连续出版物号　CN11-1221/S

创刊年　1988

刊期　双月刊

主管部门　国家林业和草原局

主办单位　中国林业科学研究院

主编　盛炜彤

地址　北京市万寿山后中国林业科学研究院 100091

网址　http://www.lykxyj.com

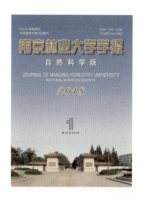

刊名	南京林业大学学报（自然科学版）
国内统一连续出版物号	CN32-1161/S
创刊年	1958
刊期	双月刊
主管部门	江苏省教育厅
主办单位	南京林业大学
主编	曹福亮
地址	江苏省南京市龙蟠路南京林业大学 210037
网址	http://nldxb.njfu.edu.cn

刊名	浙江农林大学学报
国内统一连续出版物号	CN33-1370/S
创刊年	1984
刊期	双月刊
主管部门	浙江省教育厅
主办单位	浙江农林大学
主编	周国模
地址	浙江省杭州市浙江农林大学 311300
网址	http://zlxb.zafu.edu.cn

刊名	经济林研究
国内统一连续出版物号	CN43-1117/S
创刊年	1983
刊期	季刊
主管部门	湖南省教育厅
主办单位	中南林业科技大学
主编	谭晓风
地址	湖南省长沙市韶山南路498号中南林业科技大学 410004
网址	http://qks.csuft.edu.cn

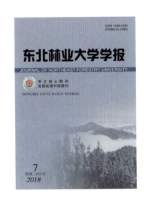

刊名　东北林业大学学报
国内统一连续出版物号　CN23-1268/S
创刊年　1957
刊期　月刊
主管部门　中华人民共和国教育部
主办单位　东北林业大学
主编　杨传平
地址　黑龙江省哈尔滨市和兴路26号东北林业大学　150040
网址　http：//dlxb.nefu.edu.cn

刊名　森林与环境学报
国内统一连续出版物号　CN35-1327/S
创刊年　1960
刊期　季刊
主管部门　福建农林大学
主办单位　福建农林大学　中国林学会
主编　尹伟伦
地址　福建省福州市金山福建农林大学　350002
网址　http：//fjlxyxb.paperopen.com

刊名　林产化学与工业
国内统一连续出版物号　CN32-1149/S
创刊年　1981
刊期　双月刊
主管部门　国家林业和草原局
主办单位　中国林业科学研究院林业化学工业研究所　中国林学会林产化学化工分会
主编　宋湛谦
地址　江苏省南京市锁金村16号中国林科院林化所　210042
网址　http：//www.cifp.ac.cn

刊名	西南林业大学学报
国内统一连续出版物号	CN53-1218/S
创刊年	1981
刊期	双月刊
主管部门	云南省教育厅
主办单位	西南林业大学
主编	郭辉军
地址	云南省昆明市白龙寺路300号西南林业大学 650224
网址	http://xnldxb.swfu.edu.cn

刊名	西北林学院学报
国内统一连续出版物号	CN61-1202/S
创刊年	1984
刊期	双月刊
主管部门	中华人民共和国教育部
主办单位	西北农林科技大学
主编	赵忠
地址	陕西省杨凌邰城路3号西北农林科技大学 712100
网址	http://www.xblxb.cn

刊名	林业工程学报（原《林业科技开发》）
国内统一连续出版物号	CN32-1160/S
创刊年	1987
刊期	双月刊
主管部门	江苏省教育厅
主办单位	南京林业大学
主编	施季森
地址	江苏省南京市龙蟠路南京林业大学 210037
网址	http://lkkf.njfu.edu.cn

刊名　西部林业科学
国内统一连续出版物号　CN53-1194/S
创刊年　1972
刊期　双月刊
主管部门　云南省教育厅
主办单位　云南省林业科学院　云南省林学会
主编　王卫斌
地址　云南省昆明市黑龙潭蓝桉路2号云南省林业科学院　650201
网址　http://xblykx.paperopen.com

刊名　Journal of Forestry Research（林业研究）
国内统一连续出版物号　CN23-1409/S
创刊年　1990
刊期　季刊
主管部门　中华人民共和国教育部
主办单位　东北林业大学　中国生态学会
主编　李斌
地址　黑龙江省哈尔滨市和兴路26号东北林业大学　150040
网址　http://jfr.nefu.edu.cn

刊名　广西林业科学
国内统一连续出版物号　CN45-1212/S
创刊年　1971
刊期　季刊
主管部门　广西壮族自治区林业厅
主办单位　广西壮族自治区林业科学研究院
主编　安家成
地址　广西壮族自治区南宁市邕武路23号广西壮族自治区林业科学研究院　530002
网址　http://gxlk.cbpt.cnki.net

刊名	竹子学报（原《竹子研究汇刊》）
国内统一连续出版物号	CN33-1399/S
创刊年	1982
刊期	季刊
主管部门	浙江省科技厅
主办单位	国家林业和草原局竹子研究中心 中国林学会竹子分会 浙江省林业科学研究院
主编	王玉魁
地址	浙江省杭州市文一路310号国家林业和草原局竹子研究中心 310012

刊名	木材工业
国内统一连续出版物号	CN11-2726/S
创刊年	1983
刊期	双月刊
主管部门	国家林业和草原局
主办单位	中国林业科学研究院木材工业研究所
主编	叶克林
地址	北京市万寿山后中国林业科学研究院木材工业研究所 100091
网址	http://mcgy.criwi.org.cn

刊名	桉树科技
国内统一连续出版物号	CN44-1246/S
创刊年	1983
刊期	季刊
主管部门	国家林业和草原局
主办单位	国家林业和草原局桉树研究开发中心
主编	谢耀坚
地址	广东省湛江市人民大道中30号国家林业和草原局桉树研究开发中心 524022
网址	http://www.chinaeuc.com

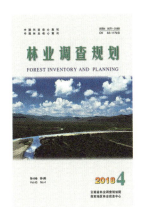

刊名　林业调查规划

国内统一连续出版物号　CN53-1172/S

创刊年　1976

刊期　双月刊

主管部门　云南省林业和草原局

主办单位　云南省林业调查规划院　西南地区林业信息中心

主编　张子翼

地址　云南省昆明市人民东路89号云南省林业调查规划院　650051

网址　http：//www.yunnanforestry.cn:8099/ch/index.aspx

刊名　森林工程

国内统一连续出版物号　CN23-1388/S

创刊年　1985

刊期　双月刊

主管部门　中华人民共和国教育部

主办单位　东北林业大学　中国林学会森林工程分会

主编　董喜斌

地址　黑龙江省哈尔滨市和兴路26号东北林业大学　150040

网址　http：//slgc.nefu.edu.cn

刊名　中国园林

国内统一连续出版物号　CN11-2165/TU

创刊年　1985

刊期　月刊

主管部门　中国科学技术协会

主办单位　中国风景园林学会

主编　王绍增

地址　北京市甘家口21号商务楼708室

网址　http：//www.jchla.com

刊名	林产工业
国内统一连续出版物号	CN11-1874/S
创刊年	1964
刊期	月刊
主管部门	国家林业和草原局
主办单位	国家林业和草原局林业工业规划设计院 中国林产工业协会
主编	张建辉
地址	北京市朝内大街130号
网址	http://www.cfpi.cn

刊名	中国花卉园艺
国内统一连续出版物号	CN11-4496/Z
创刊年	2001
刊期	半月刊
主管部门	国家林业和草原局
主办单位	中国花卉协会
主编	江泽慧
地址	北京市朝阳区农展馆南路5号京朝大厦10层

刊名	生态文化
国内统一连续出版物号	CN11-4472/I
创刊年	2000
刊期	双月刊
主管部门	国家林业和草原局
主办单位	中国林业文学艺术工作者联合会
主编	李青松
地址	北京市东城区和平里东街18号

刊名　绿色中国
国内统一连续出版物号　CN11-5528/S
创刊年　2004
刊期　月刊
主管部门　国家林业和草原局
主办单位　国家林业和草原局经济发展研究中心
主编　缪宏
地址　北京市朝阳区望京西路48号院金隅国际大厦A座9层
网址　http://www.greenchina.tv/news.xhtml

刊名　国家林业局公报
国内统一连续出版物号　CN11-4641/D
创刊年　2001
刊期　月刊
主管部门　国家林业和草原局
主办单位　国家林业和草原局政策法规司
地址　北京市东城区和平里东街18号

刊名　国土绿化
国内统一连续出版物号　CN11-2601/S
创刊年　1985
刊期　月刊
主管部门　全国绿化委员会
主办单位　全国绿化委员会办公室
主编　胡涌
地址　北京市东城区和平里东街18号

刊名　生态文明世界
国内统一连续出版物号　CN10-1141/X
创刊年　2013
刊期　季刊
主管部门　国家林业和草原局
主办单位　中国生态文化协会
主编　江泽慧
地址　北京市朝阳区望京阜通东大街8号
网址　http://www.ceca-china.org

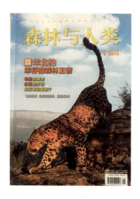

刊名　森林与人类
国内统一连续出版物号　CN10-1224/S
创刊年　1981
刊期　月刊
主管部门　国家林业和草原局
主办单位　中国绿色时报社　中国林学会
主编　张连友
地址　北京市东城区和平里东街18号

刊名　中国林业
国内统一连续出版物号　CN10-1228/S
创刊年　1950
刊期　半月刊
主管部门　国家林业和草原局
主办单位　中国绿色时报社
主编　张英
地址　北京市东城区和平里东街18号

刊名　林业经济

国内统一连续出版物号　CN10-53908/S

创刊年　1979

刊期　月刊

主管部门　国家林业和草原局

主办单位　中国林业经济学会

主编　柳辉

地址　北京市朝阳区望京西路48号院金隅国际大厦A座805号

第四章
林业电视融合发展研究

近年来，随着互联网科技技术的不断普及和媒体融合，我国林业电视逐渐融入到生活中的方方面面，因此不断加大策划、宣传、采访、拍摄等工作力度，较好地完成了电视新闻、专题、栏目、网络等新媒体四大林业电视的宣传工作，均取得了不错的效果。

近几年，我国林业电视的特点主要有以下三个：一是播发林业电视新闻信息数量创历史新高。在中央电视台、凤凰卫视等主流电视媒体共计播发林业电视新闻信息超过10000余条（次），其中《新闻联播》栏目播发林业新闻超过600余条（次），相当于每周播发3条林业新闻。二是摄制、播出大型林业电视专题片和纪录片呈井喷态势。联合中央电视台、凤凰卫视等主流电视媒体摄制、播出大型林业专题节目和专题片300多集（期），相当于每周播发一期林业专题节目（或专题片）。其中，系列专题片《寻找中国最美湿地行》《中国古树》《大地寻梦》《绿色梦》以及纪录片《湿润的文明》《中国金丝猴》《飞鸟中国》等，不仅产生较大的反响，有的还获得了国内外专业奖项。三是《绿色时空》《绿野寻踪》两个电视栏目已成为助推林业改革发展的重要宣传阵地。这两个电视栏目以宣传林业中心工作为主旨，围绕林业三个生态系统一个多样性和林业产业、林业改革等策划、制作电视节目。5年间，共计在中央电视台少儿频道、农业频道播发林业专题节目550多期,为林业改革发展营造了良好的社会氛围。

一、林业电视新闻宣传的重点

1.围绕习近平新时代中国特色社会主义思想开展电视新闻宣传

联合中央电视台共同策划拍摄了《绿色中国·览夏森林篇》《绿色中国·览夏湿地篇》《候鸟迁飞》《藏羚羊迁徙》等大型电视直播系列新闻节目,并在中央电视台新闻频道、综合频道《新闻联播》《朝闻天下》《新闻直播间》等重点栏目连续播发一周。以《新闻联播》《焦点访谈》栏目为播出载体,配合中央电视台采访拍摄"塞罕坝精神""福建林改:生态美了,百姓富了""国有林场和国有林区拉开改革大幕""绿水青山就是金山银山""国家重大绿色工程 筑起绿色屏障""护林育林保生态"等专题新闻(图4-1)。协调凤凰卫视摄制、播出了电视高端访谈节目《问答神州——访国家林业局局长张建龙》(图4-2)。该节目以人物访谈的形式,盘点了林业多年来尤其是十八大以来,林业改革与发展的新情况、新变化和新成果。

图4-1 "护林育林保生态"专题新闻

图 4-2　问答神州——访国家林业局局长张建龙

2. 围绕林业中心工作和重大活动开展新闻宣传

紧紧围绕每年召开的"全国林业厅局长会议""全国两会"以及"中国·执法查没象牙销毁活动""百名共和国部长植树活动",以及"第二次全国湿地资源调查结果公布""第八次全国森林资源清查结果公布""第四次大熊猫调查结果公布""第五次全国荒漠化和沙化土地监测情况公布"和"大熊猫、朱鹮、野马、麋鹿、羚麝、黑叶猴等野化放归活动""联合国防治荒漠化公约第十三次大会"等活动,与中央电视台一起组织开展形式多样、内容丰富的电视新闻报道(图 4-3)。

3. 围绕林业节日、纪念日等开展新闻宣传

以每年的"世界湿地日""植树节""国际森林日""世界野生动物保护日"和"世界荒漠化日"等为切入点,组织电视媒体对森林资源保护、湿地保护、全民义务植树、生物多样性保护、荒漠化治理等林业工作进行采访报道(图 4-4)。

4. 围绕森林防火、野生动植物保护等林业社会热点话题开展新闻宣传

在森林防火方面,围绕内蒙古毕拉河特大森林火

图 4-3　野生动物野化放归活动相关新闻报道

图 4-4　专题采访报道

灾以及云南、四川等突发森林火灾,组织中央电视台进行现场直播报道(图 4-5);围绕春节、清明节和五一、十一等公共节假日,配合中央电视台进行采访活动、播发森林防火公益广告等,开展社会公众预防森林火灾知识的普及和宣传教育工作。在野生动植保护方面,围绕"活熊取胆""H7N9 禽流感""非法猎杀毒杀候鸟""象牙非法贸易""猎杀走私贩卖吃食野生动物"等社会热点事件,

图 4-5　森林火灾直播报道

积极协调中央电视台、中央电视台网等中央媒体进行广泛宣传。

5. 围绕林业先进典型人物和事例开展新闻宣传

过去5年，围绕海南鹦哥岭自然保护区27名大学生扎根基层，浙江夏重德开展森林旅游农家乐，吉林赵希海、金文元保护森林资源，广西庞祖玉、云南曲靖8位老人、河北残疾兄弟坚持义务植树几十年，辽宁王春玉带领村民分林到户发展民生林业等林业先进典型，组织中央电视台进行广泛宣传，并在《新闻联播》"最美的中国人""身边的感动""走基层"等专栏播发（图4-6）。

图 4-6　先进典型人物和事迹新闻宣传

二、林业电视专题纪录片

1. 与中央电视台合作开展"美丽中国·湿地行"大型公益宣传活动

与中央电视台联合开展了"美丽中国·湿地行"大型公益宣传活动,并摄制了50集系列专题片(图4-7)。2013年,国家林业局与中央电视台联合开展了"美丽中国·湿地行"大型公益宣传活动。该活动以拍摄中国50个重要湿地为主要内容,在中央电视台中文国际频道、中国网络电视台播出50集系列专题片《寻找中国最美湿地》。同时,借助中央电视台官方微博线上和线下互动,评选出"中国十大魅力湿地",并在中央电视台综合频道和中央电视台中文国际频道播出颁奖晚会。此次活动得到了社会各界的广泛支持和国家林业局领导的肯定,为今后与媒体的深度合作积累了宝贵经验。

图4-7 "美丽中国·湿地行"公益宣传活动

2. 与凤凰卫视合作推出《大地寻梦》和《绿色梦》

与凤凰卫视联合推出55集电视专题片《大地寻梦》和150集系列专题节目《绿色梦》。《大地寻梦》和《绿色梦》采取边拍摄边播出的方式,对全国25个省(自治区、直辖市)进行采访,探访近千个县乡村,行走10万多千米,以纪实的风格、生动的画面、感人的故事、翔实的数据,全面深入介绍了各地林业工作状况和我国林业事业取得的成就。《大地寻梦》在凤凰卫视中文台共播出专题片55

期，每期45分钟；《绿色梦》在凤凰卫视资讯台共播出专题节目150期，每期5分钟。

3. 与中央电视台联合制作完成大型电视纪录片

和中央电视台联合制作完成6集《湿润的文明》和60集人文专题片《中国古树》大型电视纪录片。《湿润的文明》是近年来首次以电视高清艺术表现方式，全面、深入、系统地反映中国湿地生态系统的大型电视纪录片，该片拍摄了2年时间，于2013年3月21日世界森林日在中央电视台纪录频道播出，成为首个在中央电视台纪录频道播出的大型林业电视专题片，并在第七届"纪录中国"电视评选活动中获得人文自然类纪录片一等奖。《中国古树》以讲述古树名木背后的历史故事为线索，全面纪录我国古树名木保护现状，于2013年10月和2014年8月分别连续1个月在中央电视台中文国际频道向海内外播出。

4. 与中央电视台及社会影视机构共同策划林业电视公益广告和宣传短片

与中央电视台"真诚沟通"栏目共同策划了治沙英雄牛玉琴、石述柱两部林业电视公益广告短节目；与社会团体共同策划制作了反映候鸟保护的公益宣传片《飞鸟中国》；与社会影视机构联合制作了反映林业在生态文明建设中主体作用的4部系列公益广告；与中央电视台少儿频道合作摄制4期反映森林城市建设的公益宣传片。这些林业电视公益广告或宣传片在中央电视台、地方卫视和首都国际机场、杭州G20峰会以及国家林业局官方微博等平台进行了大规模播放。

5. 委托社会影视机构摄制了大量反映有关林业改革发展的电视宣传片

策划制作了反映我国金丝猴保护现状的5集生态纪录片《中国金丝猴》；策划制作了反映中国林业建设成就

图 4-8 《森林中国》宣传片

的对外电视宣传片《森林中国》（图 4-8）；摄制了反映林业扶贫和棚户区改造的电视宣传片《圆梦——林业扶贫及援疆援藏成绩斐然》和《一条造福林业民生的好政策》；与国外影视机构联合拍摄了反映中国自然生态保护的电视纪录片《大河之美》和《地球：神奇的一天》。

三、林业电视网络等新媒体宣传

1. 认真做好官方微博视频栏目，及时发布林业视频动态

在新浪官方微博上开通"中央电视台新闻联播""中央电视台焦点访谈""林业动态视频资讯""林业精彩视频展播""绿色中国专题"等视频栏目。其中"中央电视台新闻联播""林业动态新闻""中央电视台焦点访谈"等精品视频专题节目在官方微博的总点击量超过了上百万次，节目的二次传播效果十分显著。

2. 努力办好土豆网"光影林业视频专区"

在国内著名视频网站土豆网上开办了"光影林业视频专区"。截至2018年,土豆网"光影林业视频专区"已上传林业资讯、林业专题、林业公益广告等视频节目1000余条,点击量达30000余次。同时加强了与"关注森林网""国家林业局政务网""中国林业新闻网"等行业网站的互动,进一步扩大了光影林业视频专区在行业内的影响面。

3. 与中央电视台网"熊猫频道"深度合作,打造直播中国自然生态网络视频节目

"熊猫频道"是直播大熊猫日常生活状态的网络视频传播平台。自上线以来,由于宣传方式直观、生动、可视性强,不仅受到国内广大网民的欢迎,更是得到了国外网民的普遍关注,特别是在欧美地区传播效果尤为突出。在坚持网络视频直播大熊猫保护的同时,与"熊猫频道"加强合作,围绕林业自然保护区、野生动植物等话题,每年都要策划多场网络视频直播节目。

4. 在中央电视台推出了"中国林业"网络视频宣传平台

在平台运转的两年时间里,该平台创作团队采访摄制了大量林业资讯、林业专题、林业基层典型等精品网络视频节目,全面宣传了林业工作的新情况、新进展、新成果,成为网络快速传播林业信息的重要平台。

5. 初步建立网络舆情研判机制

近年来,林业负面舆情信息的来源多发生于网络,为此建立了舆情研判讨论机制。对来源于网络的负面舆情,不定期地组织舆情研判会,共同讨论负面舆情的传播力和应对措施,对于重大舆情,形成舆情专报,上报领导。

四、特色电视栏目

1.《绿色时空》栏目成为宣传林业改革发展的重要平台

《绿色时空》自1996年开办以来,为宣传林业改革发展做出了很大贡献,制作了上千期林业资讯和专题节目。2013年,为保障《绿色时空》栏目依法、依规运转,面向社会对《绿色时空》栏目进行了例行的公开招标,同时还加强了对栏目选题和策划的管理,充分发挥自办栏目的选题优势,紧紧围绕林业中心工作策划制作节目。目前,《绿色时空》栏目在中国网络电视台(中央电视台)300多个电视栏目中点击率稳居前50名。

2.《绿野寻踪》栏目成为传播野生动植物科普知识的重要窗口

该栏目自2006年创办以来,以广大未成年人观众为主要收视对象,紧紧围绕野生动植物保护话题,不断调整改进节目结构和节目形态,丰富林业科普知识内容,增强节目的知识性、趣味性、可视性,以满足广大青少年观众的新需求。2016年,在财政部的大力支持下,经不断努力完成了《绿野寻踪》栏目资金拨付的"单一来源采购"相关工作,为栏目的正常运转打下了坚实基础。目前,《绿野寻踪》的《最野假期》节目收视率在中央电视台少儿频道自办栏目排名第一,网络点击人次达近百万。

第五章
林业网站融合发展研究

一、林业政府网站

（一）发展历程

中国林业网与国家林业局政府网、国家生态网一网三名，是国家林业局唯一官方网站（www.forestry.gov.cn）。中国林业网自2000年建成至今，紧跟全球、全国信息化发展浪潮，历经15年发展建设，经历了由简单到复杂，由单一到群体，由落后到先进的跨越式发展。其历程可大致分为4个阶段（表5-1）。

表5-1　中国林业网发展历程

	发展阶段	起步探索1.0阶段（2000—2005年）	建设发展2.0阶段（2006—2009年）	整合提升3.0阶段（2010—2013年）	智慧创新4.0阶段（2014年以来）
建设	网站名称	国家林业局政府网	国家林业局政府网	中国林业网 国家林业局政府网 国家生态网	中国林业网 国家林业局政府网 国家生态网
	网站功能	1类（信息发布）	2类（信息发布+个别服务）	3类（信息发布+服务+互动）	4类（信息发布+服务+互动+新媒体）
	栏目个数	个位数	10位数	100位数	100位数
应用	日访问量（人次）	500	8000	300000	1000000
	应用服务（项）	0	10	80	100
维护	日更新量（条）	10	100	1000	1500
	信息类型	1种（文字）	2种（文字+图片）	3种（文字+图片+视频）	4种（文字+图片+视频+音频）

1. 起步探索（2000—2005年）

国家林业局政府网于2000年11月建成开通(图5-1)，进入中国林业网1.0阶段。这个时期的特点是：网站功能单一，只有简单的信息发布功能。网站页面设计基于ASP动态页面设计系统，没有转贴、动漫、视频等功能，后台管理简单，信息加载难度大。网站维护只有简单的信息发布，每天发布量仅10～20条，年发布信息量只有3000～5000条。谈及政府文件上网，会引来许多诧异的目光。网站管理落后，既没有明确的管理制度，也没有明确的管理部门。网站信息安全没有提到议事日程，缺乏网站防火墙和防篡改系统。网站的社会关注度很低，日访问量仅有500多人次，还没有成为政府信息发布的重要渠道。

这一时期，各省级林业主管部门，先是北京、广东、

图5-1 中国林业网1.0版首页

福建等经济发达地区的林业厅局建有网站，之后向湖南、江西、广西、湖北、河南等中部地区延伸，市县级林业网站极少。网站只有信息发布功能，色彩单调或混杂、栏目布局不合理或缺失。网站风格杂乱，内容零散。网站内容基本不更新，经常性地打不开，网站首页缺乏联系方式，网站好坏无人问津。省级林业部门的建站率不足50%，许多省级林业部门没有网站。

2. 建设发展（2006—2009年）

进入"十一五"，政府网站建设引起了各级政府的高度重视，社会各界广泛关注，网站功能逐步提升，网站进入建设发展阶段。2006年上半年，国家林业局政府网（国家生态网）进行了技术升级和全面改版（图5-2），进入中国林业网2.0阶段，开启了国家林业局政府网站发展的新篇章。

（1）网站功能逐步增强

网站最初只有信息发布功能，只能发布一些政务信息、公开一些政策文件，全部都是文字信息，与传统媒体在感官上差别不大。2006年以来，网站功能逐步增加，形成了具有视频点播、专题报道、交流互动、办事指南、数据查询等多种功能、多种展现形式、内容更加丰富的门户网站。

（2）信息发布数量增多

信息发布数量由每天10～20条增加到100条以上，年发布信息量由只有3000～5000条增加到30000多条。用户来源不断增多，网站访问量不断提升，2008年突破500多万人次。网站建设质量不断提高，大大提升了国家林业局政府网站的社会影响力。

（3）网站绩效不断提升

2006年，国家林业局政府网站在部委网站绩效评估中位列第23位，网站排名逐步上升，并获得了"特色与

图 5-2　中国林业网 2.0 版首页

创新提名奖",被列入业绩突出、进步较快的政府门户网站。

　　这一时期,各省级林业政府网站相继建成,网站功能有所扩展,信息质量有所提高,省级林业部门建站率达到 90%,市级林业政府网站数量快速增长到 225 个,建站率大约 50%,经济和林业发达的县级林业部门也纷纷建立网站。最大的特点是各地建站积极性很高,无论自身条件如何,无论业务领域大小,凡事都愿意建网站,各种各样的网站蜂拥而上,网站风格五花八门。最大的问题是功能单一、信息内容少、准确度低、更新不及时,形成了一个个小网站,人力和信息资源极为浪费,网站安全没有保障。

3. 整合提升（2010—2013年）

以2009年印发《全国林业信息化建设纲要》和《全国林业信息化建设技术指南》、召开首届全国林业信息化工作会议、成立国家林业局信息办为标志，林业信息化步入了全面快速发展的轨道。国家林业局先后启动实施了国家林业中心机房改造扩建、内外网物理隔离和专网扩建、中国林业网站群和内网建设等重点工程。在工程项目带动下，国家林业局政府网进行了全面改版重建，2010年初正式上线，实现中国林业网、国家林业局政府网和国家生态网"一网三名"（图5-3），进入中国林业网3.0阶段。网站开通第一周，日访问量达到108万人次，比改版前增加约100万人次。网站访问速度、安全防范、后台监管、服务功能等大大提高，网站功能和办网成效实现了质的飞跃。政府网站的全面性、权威性、准确性、快

图5-3　中国林业网3.0版首页

速反应能力、安全防范能力等得以充分显现，为打造电子政府奠定了坚实基础。从 2010 年到 2013 年，中国林业网在部委网站绩效评估中连续获得第 11 名、第 10

图 5-4　中国林业网 2012 年获"中国互联网最具影响力政府网站"

名、第 4 名、第 3 名的好成绩，成为发展最快的政府网站，有力推动了服务型政府建设，实现了由服务部门向服务社会、由被动应对向主动出击的转变。先后获得"品牌栏目奖""优秀政府网站""中国政府网站领先奖""电子政务管理效能提升奖""中国互联网最具影响力政府网站"（图 5-4）等多个奖项。网站互联网影响力日益提高，中国林业网资源被百度收录量达 62.8 万条，高于部委平均水平 24.3 万条，成为中国政府网站的一颗新星。

（1）打造了统一门户

中国林业网以网站群架构技术为支撑，建成了以主站为龙头，集司局、直属单位、省（自治区、直辖市）等林业部门网站群，森林公园、国有林场、林木种苗基地、自然保护区等专业子站群和美丽中国网、中国信息林网站等特色网站群，共 2000 多个子站为一体的中国林业统一门户。

（2）建成了三大版本

国家林业局政府网、中国林业网、国家生态网"一网三名"，具有简体、繁体、英文三大版本，扩大了网站浏览群体，每天有 1 万多境外人员访问中国林业网，增强了世界各国对中国在濒危物种保护、湿地保护、防治荒漠化、应对气候变化等方面的政策规定和履约行动的了解与支持，推动中国林业建设成就跨国界展示。

（3）建设了四大板块

按照国务院办公厅关于网站建设的文件精神，结合林业行业特点，中国林业网建设了信息发布、在线办事、互动交流和林业展示四大板块，以文字、图片、视频三种形式展示网站丰富的内容。在突出林业特色栏目的同时，建设了在线访谈、在线直播、专题建设和中国林业网络电视等新颖的互动性、集中性专业栏目，对重要事件和重要活动做全方位报道。

（4）增强了网站功能

整合林业种苗、植树造林、森林采伐等37个林业行政审批事项，发布了各个审批事项的办事指南、审批流程和联系方式等，实行网上受理、网下办理和审批结果网上查询；增建场景式服务和林业快速通道，方便群众查询办事指南和流程；建设林业标准、科技成果、林业专家、树木博览园等多个数据库，增强信息共享和辅助决策功能；打造中国林业网络博物馆、中国林业网络博览会、中国林业网络电视台（CFTV）、中国林业云、中国林业物联网等多形式服务内容，扩大网站信息容量，增强网站服务功能。

（5）加强了制度建设

发布了《中国林业网管理办法》《全国林业网站绩效评估标准》《全国林业网站绩效评估办法》和《国家林业局关于加强网站建设和管理工作的通知》等多个管理办法，建立了网站信息内容审核制度、各子站信息更新季报制度等多个管理制度，明确了网站管理责任，逐步实现网站建设和管理规范化。

（6）开拓了网络新渠道

中国林业网不断引入新技术，开发建设了中国林业网移动客户端，开通了林业微博和微信，充分利用新媒体加强服务型政府建设，扩大了服务对象和服务范围，广泛倾听民声民意，及时解答群众问题，极大地提高了网站服务能力。

（7）搭建了生态文化平台

充分利用网络优势，开展首届和第二届全国生态作品大赛、首届信息改变林业征文大赛、首届美丽中国征文大赛等丰富的网络赛事，以弘扬生态文化、倡导绿色生活、共建生态文明为主旋律，全力打造网上生态文化阵地，为建设生态文明、实现美丽中国做出贡献。

这一时期，各省级林业网站整合加入中国林业网的子站后，办网目标和网站定位更为明确，网站功能逐步拓展，政务公开、在线服务和互动交流三大功能协调发展，体现出功能全面、内容丰富、运行安全的良好态势。2011年，国家林业局实施了信息援藏计划，组织建设了西藏自治区林业局网站，结束了西藏林业局没有网站的历史，实现了全国省级林业网站的全覆盖。各市县级原有网站逐步规范，质量明显提升，建站数量快速增加，市级达到258个，县级达到849个，成为基层电子政务的主要平台。

4. 智慧创新（2014年以来）

随着大数据、社交媒体、智能移动终端等新技术的不断出现，互联网信息传播规律发生了新变化，公众期望了解和参与政府决策也有了新需求，对全球政府网站发展产生了深刻影响。尤其是党的十八届三中全会提出，"必须切实转变政府职能，加快构建服务型政府，提高政府为经济社会发展服务、为人民服务的能力和水平"，对政府网站建设提出了更高要求。围绕服务型政府建设，中国林业网以用户需求为导向，通过实时感知用户需求，主动为公众提供便捷、精准、高效的服务，全面提升国家林业局网上公共服务的能力和水平，不断提升网站互联网影响力,建成了基于大数据分析的智慧政府门户,进入中国林业网 4.0 阶段(图 5-5)。

(1)设计风格顺应国际主流趋势

新版中国林业网顺应时代发展潮流,借鉴发达国家和国内领先政府网站建设经验,采用扁平化设计理念,界面简约清新、图文动静结合,利用横板替代垂直滚动的竖版设计,通过标签式切换功能,实现了"一屏视全站"的效果,更加直观大气,使浏览者具有流畅的视觉体验。

(2)板块定位突出政府网站功能

新版中国林业网在保留"信息发布、在线服务、互动交流"三大政府网站传统板块的基础上,根据林业特色设计增加了"走进林业"板块,便于公众随时了解掌握中国林业整体概况,实现"四位一体"完美结合。同时,突出优势栏目,推出重点栏目,整合边缘栏目,充实提高网站内容,通过网站增强信息公开,回应社会关切,提升政府公信力。

图 5-5 中国林业网 4.0 版首页

(3) 纵横分明构建完整站群体系

新版中国林业网构建了"纵向到底、横向到边、特色突出"的站群体系,全国甚至全球林业"一网打尽"。纵向建设了国外、国家、省级、市级、县级林业等各层级网站,横向覆盖了森林公园、国有林场、种苗基地、自然保护区和主要树种、珍稀动物、重点花卉等林业各领域网站,特色突出了美丽中国网、中国植树网、中国信息林、网络图书馆、博物馆、博览会、数据库、图片库、视频库等网站。目前,中国林业网子站已达3000多个,位居国内政府网站前列,大大提升了林业影响力(图5-6)。

图 5-6　中国林业网智慧创新阶段成果

(4) 新媒体技术创新网站多元发展

新版中国林业网进一步增强与用户互动的功能，充分运用新媒体技术，使新增的"林业新媒体"栏目涵盖了中国林业网官方微博、微博发布厅、微信号、移动客户端，并覆盖全终端、全系统，努力走向"全媒体""一站通"新阶段，方便公众随时随地了解林业行业信息、享受在线服务，建成了基于新媒体的政务信息发布和互动交流新渠道。

(5) 四个维度提升网站服务能力

新版中国林业网立足"服务大局、服务司局、服务基层、服务群众"四个维度，全面提升服务能力。精选林业信息为局领导提供决策支持，服务于林业大局；建设子站为各司局各直属单位提供展示平台，服务于全局各单位；让省、市、县三级网站群基层信息走到前台，服务于各基层单位；整合上百项国家、地方审批事项和便民服务，结合场景式模拟，为群众提供林业全周期"一站式"在线服务。

总体来看，经过17年的发展和4次重大改版，中国林业网不断加强网站管理，丰富网站内容，扩展网站功能，整合服务资源，坚持朝着智慧化、全面化、服务化发展，打造了一个又一个亮点，建设成为面向世界的智慧政府门户网站。

（二）建设成果

在我国林业信息化由"数字林业"步入"智慧林业"发展的新阶段，中国林业网着力构建智能化、一体化、服务化的智慧林业网站，采用国际主流设计风格，融入林业特色，将全球林业"一网打尽"，积极整合现有各级、各类资源，构建统一、开放、完整的中国林业网统一数据资源，提升各部门协同能力，提高为民办事的效率，大幅降低政府管理成本，增强决策效率和服务水平，取得了一项项重大突破和重要成就。中国林业网不断丰富信息表现形式、加大信息发布广度，具有简体、繁体、英文三大版本（图5-7），展现了林业建设的概貌，扩大了网站浏览群体，加载了100多个国家专题信息，全世界每天约有120个国家的网民访问中国林业网。增强了世界各国对中国在濒危物种保护、湿地保护、森林碳汇、防治荒漠化、应对气候变化等方面的政策规定和履约行

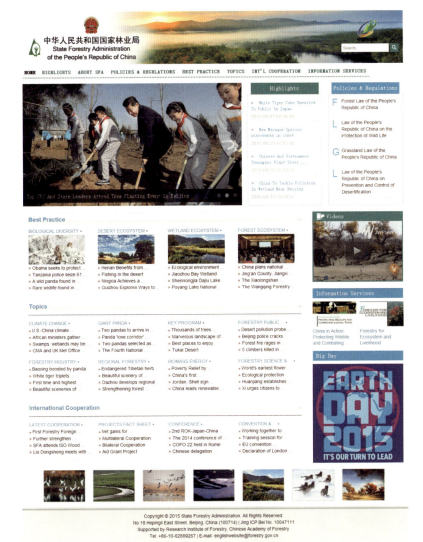

图5-7　中国林业网英文版

动的了解与支持，推动中国林业跨国界展示与交流。

1. 中国林业网站群体系

（1）主站

中国林业网主站采用扁平化设计风格，主要有走进林业、信息发布、在线服务、互动交流、专题文化五大版块，走进林业板块是根据中国林业网用户访问行为分析结果，将用户关注度高的栏目如领导专区、机构简介、林业概况、林业展厅在显著位置优先显示，右侧突出展示重要政府文件和林业政策法规。信息发布主要集中分为三部分。第一部分是在中国林业网首页信息发布区，包括图片信息、最新资讯、公告图解、信息快报、社会关注等5个栏目。第二部分是信息发布专区，将林业行业各重要业务信息集中进行展示。第三部分设置了政府信息公开专栏。根据互联网用户访问数据分析结果，按照用户访问热度和网站信息种类，信息发布专区重新进行页面布局，旨在让公众更方便快捷地获取到所需信息。在线服务板块结合林业行业特点，打造全周期在线服务模式，结合重点事项、快速通道、在线办事等，为公众提供全面、及时、高效的在线服务。互动交流板块建设了在线访谈、在线直播、常见问题解答、建言献策、咨询留言和我要咨询等6个栏目，主动回应公众关切，热心解答公众难题，积极公开业务内容。专题文化板块左侧为热点专题，右侧为生态文化，结合绿色标识、形象展示、历史上的今天、图书期刊等栏目内容，全面、全景、全角度展示了林业行业的独特魅力和绿色底蕴。

（2）子站

中国林业网建设了纵向站群，横向站群以及特色站群。纵向站群由世界林业、国家林业、省级林业、市级林业、县级林业和乡镇林业工作站等6个站群组成，从外到内，自上向下，将林业行业全部打通，形成了林业信息发布、提供在线服务、进行互动交流的综合平台，让林农足不出户就可以了解最新、最贴近的信息内容。横向站群由国有林区、国有林场、种苗基地、森林公园、湿地公园、沙漠公园、自然保护区、主要树种、珍稀动物、重点花卉等站群组成，实现站群核心业务一体化。特色站群包括美国中国网、中国植树网、中国信息林网、中国林业数字图书馆、中国林业网络博物馆、中国林业网络博览会、中国林业数据库、中国林业图片库、中国林业网络电视等子站。这些个性鲜明、各具特色的子站从林业的不同角度展示林业工作成果，为弘扬生态文化，推进生态文明，建设美丽中国起到了积极作用。

2. 数据共享平台

2013年开始，国家林业局率先尝试建设行业数据库，以公众需求为主导，在广泛调研、充分论证的基础上，建设了中国林业数据库。按照《国务院关于印发促进大数据发展行动纲要的通知》（国发〔2015〕50号）的要求，2015年在原有基础上，对国家林业局各司局、各直属单位以及全国各级林业主管部门多年形成的各类数据成果资料、国内外各类公开的林业信息资源进行整合，同时开放数据上传平台，丰富各类林业数据，建成了中国林业数据开放共享平台。

中国林业数据开放共享平台以其丰富的信息资源、多渠道的接入方式，为用户构建了一个便捷的网络服务平台。平台包括数据统计图、数据统计表、专题分布图、数据预测分析、按行政区划、按业务类别、重点数据库、数据定制采集、我的数据库等栏目，内容涉及政策法规、林业标准、林业文献、林业成果、林业专家、林业科研机构等诸多领域的信息，是林业行业权威性专题数据平台。该平台可使公众从类型、专题、数据形式等角度了解林业数据。目前，平台已积累资源数量58889条。下一步，平台将根据用户的需求变化和数据开放程度，进一步整合林业数据资源，充分挖掘数据价值，构建林业数据与社会数据交互融合的信息采集、共享和应用机制，提升林业科学决策水平，为全面开创我国林业现代化建设新局面做出新贡献。

3. 智慧决策平台

为更好地推进中国林业网站群建设，准确掌握互联网用户需求和访问数据，进一步提升中国林业网智慧管理水平，自2014年起，国家林业局信息中心启动实施中国林业网智慧决策系统建设工作。历时近1年半的时间，通过多次讨论座谈和专家论证，并经反复修改完善，中国林业网智慧决策系统正式建成上线。系统利用大数据技术对中国林业网站群用户访问数据进行全面收集和整理分析，将所有访问数据分类展示，精确跟踪用户需求和定位用户关注热点的趋势变化，实现面向用户数据的实时监测、统一调度、集中管理，全面提升基于网站群数据的决策支撑能力。

中国林业网智慧决策系统包括站群详情、绩效概览、网站对比、地理分布、时间分布等5个功能模块。"站群详情"功能模块从集群概览、主站、纵向站群、横向站群、特色站群等5个角度，根据热门关键词、页面浏览量、站内搜索使用率、访问量、国内外访问分布、移动终端用户比、网站效能指数、站内搜索有效度、站群内联系等22个指标，对中国林业网站群用户访问数据进行集中展现（图5-8）。

系统将根据工作实际和用户需求变化，进一步完善和扩建各功能模块，提升网站智慧管理和决策能力。同时，系统将逐步向中国林业网各级子站管理员开放，以加强各子站运行管理，全面推进中国林业网站群建设，为加快推进林业现代化建设做出贡献。

图 5-8 中国林业网智慧决策系统

4. 一站式服务

中国林业网立足"服务大局、服务司局、服务基层、服务群众"四个维度,全面提升服务能力。精选林业信息为领导提供决策支持,服务于大局;建设子站为各司局、各直属单位提供展示平台,服务于司局;让省、市、县三级信息走到前台,服务于基层;整合上百项国家、地方审批事项和便民服务,结合场景式模拟,为群众提供林业全周期"一站式"在线服务。同时,新整合了全国林业行业优秀应用,按照"业务系统""公共服务""电商平台"三个维度,为广大公众提供林业在线服务平台。

中国林业网整合公众关注度高、办理量大的 80 多项重点服务资源,整合了 27 项林业行政审批事项,积极开展网上办事,实行网上受理、网下办理和审批结果网上查询。将国家、地方办事服务资源整合,从办事指南、审批流程、结果查询到相关法律,为公众提供全周期服务,提升了在线服务质量,拉近了与公众的距离。开设了我要咨询、建言献策等栏目，完善了在线直播、在线访谈、网络电视等功能。组织有关领导和专家进行林业政策解读、技术解答，使林业大政方针和相关知识深入人心。建设了全国林业行政执法人员管理系统、全国木材运输证真伪查询、已审定良种信息查询、国家重点林木良种基地查询、国家林业局专业技术资格申报系统、全国林业调查规划设计单位资格认证管理系统、全国经济林数据上报系统、网络森林医院、野生动物保护救助呼叫系统等，打造了网络服务林农的重要平台。

5. 全媒体发布模式

中国林业网充分运用新媒体技术，实现主动推送服务，进一步增强与用户互动的功能。新增的"林业新媒体"涵盖了中国林业网官方微博、微信、微视、移动客户端，努力走向"全媒体""一站通"新阶段，方便公众随时随地了解林业行业信息、享受在线服务，建成了基于新媒体的政务信息发布和互动交流新渠道。陆续在新浪、人民、新华、腾讯等四大主流门户开通"中国林业发布"官方微博，已策划了多期微访谈、微直播、微话题活动，发布微博25534多条，粉丝数70多万，社会影响力与日俱增。微信发布图文消息537条，粉丝数达24699人，"权威发布""林业知识"等特色栏目点击量超过一万人次。开发定制了社会化媒体分享插件"正分享"，实现全站信息向新浪微博、腾讯微博、微信、新华微博、人民微博等国内9类主流社交媒体网站的自由推送，打通中国林业网和社交媒体信息共享通道，促进提升网站社交媒体影响力。

6. 立体发布

中国林业网提供了文字、图片、图解、视频、百科等五种内容形式，及时发布全国林业政务信息，平均每个工作日发布信息1000多条，每季度采编信息100余万字，每日访问量达到100万人次，平均每月信息被新浪网、光明网、人民网等主流媒体转载约4500次。

为充分发挥中国林业网的行业信息公开第一平台作用，进一步扩大中国林业网互联网影响力，将林业行业的好做法、好经验向社会推广，结合中国林业网特点，充分利用信息发布工具和构建良好机制，将林业重要信息通过中国林业网主站、各子站和林业新媒体向社会公众发布，形成矩阵式立体发布态势，扩大林业影响力，共同做好中国林业网信息发布工作，将重要信息及时发布、转载、传播出去，不断提升林业政府信息的影响力，为推进生态文明、建设美丽中国做出新的贡献。

7. 中林智搜

为适应智慧林业发展，打造搜索智能、信息全面、渠道先进、用户喜欢的中国林业智能化搜索平台，最终实现对中国林业网主站、横向站群、纵向站群及特色站群各类信息的智能搜索服务，大大提升林业信息服务水平。中国林业网智能搜索平台为用户提供 7×24 小时智能在线搜索和智能应答服务，以信息采集与管理、信息检索系统、信息搜索分类、知识管理平台为核心功能，通过资讯、政策法规、核心业务、实用技术、相关搜索、热点搜索、猜您关心、图片、视频、文件、栏目、数据、应用、最近热点等14种分类维度进行检索，最终构建出统一的智能搜索平台提供检索服务。

8. 新媒体

21世纪，信息技术快速发展，网络日益成为公众意见表达的重要渠道，网络舆情所呈现出来的巨大影响力既给我国民主政治建设提供了机遇和动力，也给政府舆情引导带来了新的挑战。"人人都有麦克风，人人都是自媒体"，人人都有信息传播渠道。2016年6月，中国互联网信息中心（CNNIC）发布《第38次中国互联网络发展状况统计报告》。报告显示，截至2016年6月，我国网民规模达7.10

亿，手机网民规模达到6.56亿，网民手机上网使用率为92.5%，大大超过台式电脑（64.6%）和笔记本电脑（38.5%）。现在，全国7亿多网民、400多万家网站、近千万个微信公众号活跃在网络中，每天产生300多亿条信息。因此，建设政府新媒体对于做好新时期的在线服务和舆情工作都将发挥关键作用。中国林业网充分运用新媒体技术，实现主动推送服务，进一步增强与用户互动的功能。"林业新媒体"涵盖了中国林业网官方微博、微信、微视、移动客户端，方便公众随时随地了解林业行业信息、享受在线服务，成为基于新媒体的政务信息发布和互动交流新渠道。

（1）微博

微博自诞生以来，就以其平民化、口语化、个性化的优势迎来"井喷式"发展，迅速形成一股新媒体力量。2011年是政务微博发展元年，微博由此成为政府与网民沟通的新平台、新渠道。经过几年的发展，我国政务微博稳步推进，在覆盖面、微博质量、管理水平、综合影响力等方面呈现出不断提升的趋势，作为推动社会管理创新的有效方式，越来越受到政府的支持及公众的认可。据《第36次中国互联网络发展状况统计报告》显示，截至2016年6月，我国微博客用户规模2.42亿，开通政务微博并认证的政府机构和党政人员数量超过20万，政务微博在传播主流声音和提供权威、准确的政务信息方面发挥着越来越重要的作用。

中国林业微博是推进信息化建设的又一重要成果，旨在汇聚林业智慧，传播林业信息，推动生态民生。自建立以来，秉持"及时性、真实性、权威性"的原则，广泛倾听民声民意，及时回应社会关切，打造了具有巨大行业影响力的微博群体。目前，新浪、人民、新华、腾讯等四大主流门户均已开通"中国林业发布"官方微博，并已策划多期微访谈、微直播、微话题活动，发布微博28000多条，粉丝数达70多万人，社会影响力与日俱增（图5-9）。

图 5-9 中国林业发布微博首页

(2) 微信

微信是一款集文字、语音、图片、视频等沟通方式的移动互联网交互通信工具。从2011年1月21日诞生至今，在最初的即时通信软件的基础上增加了诸多的拓展功能，且许多功能都以插件的形式存在，用户可以选择是否使用。截至2016年7月，微信已经拥有4亿用户，月活跃账户数达到2.47亿，公众号200万个。微信公众平台于2012年8月23日正式上线，已成为微信的主要服务之一。近八成微信用户关注了公众账号。企业和媒体的公众账号是用户主要关注的对象，它们的占比达到73.4%。用户关注微信公众账号的主要目的是为了获取资讯、方便生活和学习知识。其中，获取资讯为微信公众账号最主要的用途，比例高达41.1%。

中国林业网于2014年5月和10月相继开通了"中国林业网"官方微信订阅号和公众号，订阅号主要发布林业重要信息，公众号主要提供政策和查询服务。中国林业网微信公众平台权威发布林业重大决策部署和重要政策文件，重点工作进展，重要会议及活动等政务信息（图5-10）。截至2016年6月，粉丝数达29000多人，发布图文消息1800多条，"权威发布""林业知识"等特色栏目点击量超过10000人次，有效地扩大了林业的社会影响，让更多的人了解林业、关注林业、参与林业。

(3) 微视

微视是腾讯旗下短视频分享社区。作为一款基于通讯录的跨终端、跨平台的视频软件，其微视用户可通过QQ号、腾讯微博、微信以及腾讯邮箱账号登录，可以将拍摄的短视频同步分享到微信好友、朋友圈、QQ空间、腾讯微博。

2014年11月，中国林业网微视账号正式开通，借

图 5-10 中国林业网微信公众平台

助腾讯微视平台,将林业行业重要事件、重大会议以微视频的形式向公众发布,同时展现我国美丽的森林、湿地、荒漠生态系统和丰富的生物多样性资源,希望借助这一平台,为公众提供更加丰富的林业信息,定期发布林业视频(图5-11)。新发布的一系列反映基层国有林场和国有林区的视频内容得到了公众好评。

(4)移动客户端

政务移动客户端(APP)是基于手机、pad等移动终端开发的政府信息服务软件。相对于微博、微信,移动客户端更注重于提供各类在线服务和各类在线功能。通

图 5-11　中国林业网微视首页

过下载访问政务 APP，公众可以查询政府公开信息，了解办事流程，在线提交办事请求，追踪办件状态，随时随地便享"智慧政务"。

2013 年 8 月，中国林业网移动客户端正式上线，2014 年 10 月中国林业网移动客户端 2.0 升级完成（图 5-12），扩大了中国林业网服务范围和对象，提供了基于地理位置的在线服务，使公众可以更方便地通过移动互联网获取林业政务的应用服务，成为移动电子政务时代推行政府信息公开、服务社会公众、展示林业形象的新渠道。

中国林业网移动客户端分为首页、走进林业、信息公开、服务查询和互动交流 5 个板块。在首页，用户可以获取最新图片信息，可以根据个人喜好添加需要的信息模块，打造自己的个性化页面。走进林业板块提供了国家林业局领导信息和内设机构信息以及《中国林业发展报告》《中国林业发展规划》《中国国土绿化状况公报》等重要文件报告。信息公开板块收录了包括最新资

图 5-12　中国林业网移动客户端

讯、公示公告等栏目在内的主要内容，其中林业移动超市模块整合了林业系统已经上线的移动应用和 wap 版手机网，使用户了解地方林业情况有了更多渠道。服务查询板块内设了国家林木良种基地查询、国家木材运输证真伪查询、林业专家信息查询、办事指南查询、审批结果查询、林业科技成果查询等服务，为用户随时随刻提供在线服务。互动交流板块汇集了全国爱鸟周活动、3·12植树节、集体林改、中国林业物联网、中国林业云等10个专题。同时，在提高原有服务功能的基础上，增加了基于地理位置的服务功能，可随时查询周围森林公园的地理信息、联系方式等信息，并可规划用户到办事地点的最佳路线。

中国林业网大事记

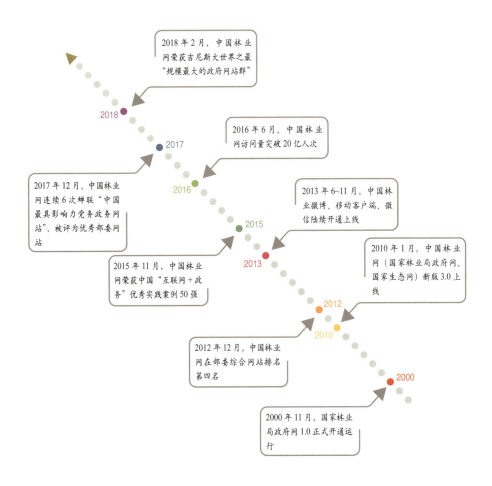

2000 年

11 月　　国家林业局政府网正式开通运行，国家林业局有了以国际互联网向外发布信息的窗口，日发布信息量 10 条，日访问量 500 多人次。

2002 年

12 月　　国家林业局政府网获得"政府上网工程网站建设示范单位"称号。

2004 年

5 月 　　国家林业局网络带宽由 2M 扩展到 10M，大大提高了上网速度。

2006 年

3 月 　　国家林业局政府网首个专题——"中央关于新农村建设的政策"建成。至 2014 年，已建专题 70 多个。

9 月 　　改版后的国家林业局网站开通，日访问量突破 5000 人次，比改版前翻了一番。

12 月 　　在国务院信息化办公室开展的全国各级政府网站评比中，国家林业局网站位居 76 个部委网站的第 23 名。

国家林业局政府网日信息发布量达到 100 条，网站影响力明显提升。

2007 年

2 月 　　国家林业局政府网首次直播国家林业局例行发布会。至今，已在线直播各类会议近百次。

3 月 　　国家林业局政府网开展首次在线访谈——"加快改革发展步伐 推进现代林业建设"。

2008 年

1 月 　　国家林业局政府网首次对全国林业厅局长会议进行现场直播。

2 月 　　国家林业局政府网访问量突破 500 万人次。

12 月 　　国家林业局政府网在工业与信息化部组织的各级政府门户网站绩效评估中，被列入部委级优秀网站和特色网站。

2009 年

1月22日	《全国林业信息化建设纲要》《全国林业信息化建设技术指南》颁布，这是指导全国林业信息化建设的纲领性文件，对促进全国林业信息化建设具有重大而深远的意义。
1月23日	国家林业局信息化管理办公室成立，负责综合协调、指导监督、组织实施全国林业信息化和电子政务工作。
2~3月	国家林业局政府网组织开展了征集"林业信息化"标识活动，形成林业信息化正式标识——"飞翔的林业"。
6月1日	国家林业局政府网组织开展"厅（局）长论信息化"主题活动。
7月15日	国家林业局时任局长贾治邦、副局长张建龙做客国家林业局政府网，就贯彻落实中央林业工作会议精神、全面推进集体林权制度改革进行政策解读。
7月23日	国家林业局政府网访问量突破1000万人次。《国家林业局关于做好国家林业局内外网整合改造工作的通知》（林信发〔2009〕175号）印发。
12月17日	国家林业局政府网在2009年中国政府网站绩效评估暨第四届中国特色政府网站评估中获"品牌栏目奖"第一名。

2010 年

1月21日	中国林业网（国家林业局政府网、国家

	生态网）新版上线，整合了50多个业务子站和一批重点数据库及应用系统，建成了首个国家林业政府网站群。
3月10日	国家林业局信息中心正式成立，设立网站处等6个处（室）。
7月8日	国家林业局印发《中国林业网管理办法》。
11月2日	国家林业局政府网访问量突破1亿人次。
12月4日	国家林业局政府网在73个部委网站综合排名中位列第11名，并获得"中国政府网站领先奖""优秀政府网站奖""品牌栏目"和"特色与创新提名奖"等多个奖项。
12月15日	国家林业局印发《全国林业网站绩效评估办法》。
12月28日	中国林业网发布各子站和各省（自治区、直辖市）林业厅（局）网站绩效评估结果和"十一五"全国林业十件大事和2010年全国林业信息化十件大事评选结果。

2011年

2月24日	《中国法治发展报告No.9（2011）》发布了中国政府透明度年度报告，国家林业局政府信息公开工作在国务院所属部门中排名第二。
5月5日	中国林业网发布《2008年和2009年全国林业信息化发展水平评测报告》。
7月5日	中国林业网国有林场、种苗基地、自然保护区子站群陆续上线开通，中国林业网站群基本形成，站群规模达到1000多个。
10月30日	中国林业网访问量突破2亿人次，日均

	访问量超过30万人次。
11月7日	中国林业网发布《2010年全国林业信息化发展水平评测报告》。
11月22日	西藏林业网正式开通，实现了全国省级林业网站的全覆盖。
11月30日	在政府网站集约化建设与精品栏目管理经验交流会上，国家林业局政府网"行政许可"和"网络视频"栏目获"精品栏目奖"。
12月4日	国家林业局政府网在第十届中国政府网站绩效评估中综合排名第十位。
12月25日	中国林业网评选出全国林业十佳网站、国家林业局十佳网站、国家林业局内网应用先进单位，以及网站单项指标领先单位。
12月30日	首届全国生态作品大赛圆满成功，收到文学、摄影、绘画和书法作品8000多件，评选出各类作品的一、二、三等奖和优秀奖共64名。

2012年

3月29日	中国林业网荣获2011年度"管理创新型政府网站""中国政府网站领先奖"荣誉称号。
4月2日	中国林业网信息办子站访问量突破200万人次。
5月10日	中国林业网编辑委员会正式成立，负责中国林业网、国家林业局办公网的日常管理和维护等工作。
5月31日	国家林业局内网访问量突破100万人次。

6月30日	中国林业网访问量突破4亿人次。
7月30日	《2011年全国林业信息化发展水平评测报告》正式发布，辽宁、湖南、北京、福建、浙江、广东、江西、河南、上海、内蒙古分列前10位，尤其是辽宁、湖南、北京继续保持领先地位，连续三年稳居前3名。
11月1日	中国林业网访问量突破5亿人次。
11月6日	保护司子站、信息办子站、政法司子站、公安局（防火办）子站、计财司子站、基金总站子站、工作总站子站、西北院子站、规划院子站、林业科学研究院子站获得"国家林业局十佳网站"。
11月14日	中国林业网"最新资讯"栏目获得"政府网站信息公开精品栏目奖"，国家林业局信息办主任李世东被授予"政府网站最佳管理者"。
12月5日	中国林业网（国家林业局政府网）综合排名列73个部委网站第四名，首次进入前5名，在2011年首次进入前10名的基础上，取得重大历史性突破。
12月7日	中国林业网（国家林业局政府网）获得部委"网站运维管理奖"。
12月27日	中国林业网获评"2012年度中国互联网最具影响力政府网站"和"2012年度快速发展型政府网站"。
12月31日	首届"信息改变林业"网络征文大赛评选结果揭晓。

2013年

1月1日	中国林业网、国家生态网启动首届"美

	丽中国"征文大赛,旨在弘扬生态文化、推进生态文明、建设美丽中国。
2月25日	中国林业网访问量突破10亿人次。
3月18日	全国森林公园、国有林场、种苗基地、自然保护区网站群建设培训班在京举办。
6月19日	中国林业微博发布厅正式上线。
8月27日	中国林业网移动客户端正式上线,标志着林业走向移动互联新时代。同日,中国林业网2013版、美丽中国网、中国信息林网正式上线。
9月30日	首届"美丽中国"征文大赛评选结果揭晓。本届大赛征集到了1400余篇作品,经过网络评选和专家评选,共选出一等奖5篇、二等奖7篇、三等奖9篇、优秀奖39篇和提名奖40篇。
10月27日	中国林业网访问量突破12亿人次。国家林业局内网访问量突破200万人次。
10月29日	中国林业网"热点专题"获"部委级政府网站精品栏目奖"。
11月3日	全国市县林业网站群建设培训班在京举办。
11月4日	中国林业网开通官方微信。
11月20日	第二届全国生态作品大赛评选结果揭晓。大赛共收到作品1600多幅,评出了摄影、书法和绘画3个类别的一、二、三等奖和优秀奖,获奖作品共计87件。
11月28日	中国林业网(国家林业局政府网)综合排名列70多个部委网站第三名,首次跻身前三甲,再次取得历史性突破。
12月	中国林业网日均信息发布量达到1000条。

12月1日	中国林业网、国家生态网举办"林业信息化全面推进5周年"征文活动。
12月30日	中国林业网站群新开通了主要树种、珍稀动物、国外林业等专业网站群，新上线子站1200多个，子站总数达到2000多个。
12月31日	全国林业网站绩效评估工作完成，评选出全国林业十佳网站、国家林业局十佳网站、专题子站，以及网站单项指标领先单位。

2014年

2月25日	《国家林业局关于加强网站建设和管理工作的通知》印发。
3月10日	中国林业网智能服务平台上线运行，为广大用户提供7×24小时服务。
6月1日	汇集第一、第二届全国生态作品大赛获奖作品的《美丽生态佳作选》出版发行。
7月开始	中国林业网、国家生态网、美丽中国网举办为期6个月的"第二届美丽中国大赛"。
9月1日	2014年中国林业网网站群培训班在京举办。
10月17日	国家林业局信息中心下发通知，开展《2014年全国林业网站群绩效评估工作》。
10月24日	中国林业网首个图解信息——"图解：五论林业治理现代化"正式亮相。
10月30日	一批林业专题子站和市县林业子站上线运行，中国林业网站群子站规模达到3000个。

11月1日	新版中国林业网英文版网站上线运行，成为林业外交新平台。
11月4日	中国林业网4.0版正式上线运行，实现第四次完美创新，互联网影响力显著攀升。
11月5日	中国林业网开通无障碍服务，林业信息首次为特殊人群提供无障碍优质服务。
12月3日	中国林业网（国家林业局政府网）综合排名列72个部委网站第二名，再次取得历史性突破。

2015年

3月28日	中国林业网荣获2014年度"中国最具影响力政务网站"和"中国政务网站领先奖"。
4月21日	中国林业网访问量突破15亿人次。
7月31日	寻找"最美古树名木"第三届"美丽中国"大赛正式启动。
9月24日	中国林业网移动客户端2.0正式上线，新增森林旅游等服务。
11月10日	中国林业网访问量突破17亿人次。
11月20~21日	2015年中国林业网信息员能力提升培训班在京举办。
11月27日	在"2015中国智慧政府发展年会"上，中国林业网荣获2015中国"互联网＋政务"优秀实践案例50强。
12月8日	在"2015·互联网＋政府网站精品栏目建设和管理经验交流大会"上，中国林业网荣获"2015年政府网站政务微信卓越奖"。
12月30日	中国林业网第四次蝉联"中国最具影

力政务网站"。

2016 年

1 月	中国林业网乡镇林业网站群正式上线,标志着中国林业网站群建设继世界林业、国家林业、省级林业、市级林业、县级林业网站群之后,连通了服务基层最后一公里。
1 月 10 日	中国林业网访问量突破 18 亿人次。
2 月	中国林业网智慧决策系统正式上线运行,标志着中国林业大数据建设和中国林业网站群智慧化建设又迈出坚实一步。
2 月	中国林业数据开放共享平台正式上线,标志着中国林业政府数据开放取得突破性进展,成为中国林业大数据中心建设的又一个亮点。
4 月 17 日	2016 年全国乡镇林业网站群建设培训。

第六章
林业报纸融合发展研究

目前，全国林业系统所办报纸3种，分别是《中国绿色时报》《林海日报》和《黑龙江林业报》。

一、报纸基本情况

1.《中国绿色时报》

《中国绿色时报》是我国林业和绿化行业唯一一份全国性报纸，由全国绿化委员会与国家林业和草原局主管，中国绿色时报社主办。

《中国绿色时报》前身为1987年创刊的《中国林业报》，1998年更名为《中国绿色时报》（图6-1、图6-2）。经过近30年不断发展，报纸出版周期由最初的周一刊4块版发展到现在的周五刊28块版。报纸发行覆盖全国所有省（自治区、直辖市）1800个县，是林业行业最有影响力的报纸。

《中国绿色时报》围绕国家林业和草原局中心工作开展宣传报道，服务林业发展大局。主要报道内容包括林业大政方针、生态文明建设、现代林业发展、国土绿化和党的兴林富民政策等，宣传普及生态知识，传播生态文化，引导全社会树立生态文明观念。

图 6-1　1997 年 12 月 26 日,《中国绿色时报》创刊新闻发布会在人民大会堂召开。《中国林业报》从 1998 年 1 月 1 日起更名为《中国绿色时报》

图 6-2　国家林业局领导和各司局负责同志参加 1999 年初召开的《中国绿色时报》创刊一周年座谈会

报纸主办单位中国绿色时报社,为国家林业和草原局直属司局级事业单位,目前还主办《中国林业》《森林与人类》杂志、中国林业新闻网和 6 个微信公众号。报社现有在岗人员 102 人（正式职工 63 人,临时聘用人员 39 人）,其中,采编人员占 70%；设有 19 个部（室）,同时在全国设有近 30 个记者站,驻站记者近 100 人。

2．《林海日报》

《林海日报》创刊于 1953 年，是内蒙古森工集团、内蒙古大兴安岭林管局党委机关报，是首家国内公开发行的林业企业报，也是呼伦贝尔地区创刊最早的报纸。报纸为周六刊，其子报《生活周刊》24 版，面向全国发行。报社办公地点在内蒙古牙克石市。

林海日报社现有在岗职工 59 人，采编人员 34 人，22 个记者站，特约记者 22 人。林海日报社设 13 个职能科室，分别承担着采编、出版发行、党建和行政管理任务。

《林海日报》主要为林管局（森工集团）党委、林管局（森工集团）的工作大局服务，主要报道内蒙古森工林区林业新闻，以及国内外重大政治、经济、社会新闻，是集生态性、区域性、行业性、开放性、服务性为一体的综合性林业企业报。

3．《黑龙江林业报》

《黑龙江林业报》1960 年创刊，是黑龙江省森林工业总局、龙江森林工业集团总公司主办的党委机关报。报社办公地点在哈尔滨市。

《黑龙江林业报》为周五刊，对开 4 版，国内公开发行。报社现有职工 40 多人，其中，采编人员占 50%。报社设有编辑部、采通部、记者部等 7 个部（室），现有 4 个记者站，记者由基层林区宣传部门工作人员兼任。

《黑龙江林业报》是全国林业专业性报纸，主要宣传总局党委工作部署，宣传森工变化，展示森工业绩，树立森工形象。

二、报业新媒体建设情况

目前，林业系统 3 家报社的新媒体建设处于起步摸索阶段，规模小、知名度不高。3 家报社发展新媒体，主要是为了增加林业新闻的传播渠道，形成立体宣传格局，以此扩大报纸的影响，同时也是为了适应新媒体发展趋势，为传统媒体与新媒体融合探路。

（一）中国绿色时报社

新媒体主要有 1 个新闻网站（严格意义上说不算新媒体，但又与纸媒不同，暂且归入此类）、6 个微信公众号、1 个新浪微博。

1. 中国林业新闻网

2008 年 11 月，在《中国绿色时报》电子报的基础上建立了中国林业新闻网，由国家林业和草原局主管、中国绿色时报社主办，是我国林业新闻权威发布网站。

中国林业新闻网主要面向林业和生态建设行业、涉林企事业单位和社会公众，发布内容以《中国绿色时报》报道为主，也包括报纸内容的延伸报道。网站设置了 80 个栏目，主要内容为报纸原创新闻、林业信息、企业资讯、电子商务、产品推介、网络广告、娱乐休闲等。

目前，网站由中国绿色时报社网络新闻部经营管理，编制 2 人。每个工作日更新一次内容。

2. 微信

从 2014 年开始，报社陆续开通了 6 个微信公众号，分别由 6 个编辑部门运营管理。

副刊微信公众号：2014 年上线，是报社第一个内容相对综合的微信平台，由报社副刊编辑部管理，内容以副刊作品为主，适当发布一些报纸其他版面的重要信息，同时也征集稿件，开展一些项目合作。目前设置 5 个栏目。

《森林与人类》微信公众号：2015 年上半年上线，由《森林与人类》杂志编辑部管理，设有 9 个栏目，报道每期杂志精彩内容。利用微信平台开设了微店，推介并销售刊物。

中国林业杂志微信公众号：2014年上线，由《中国林业》杂志编辑部管理，主要发布林业资讯、林业政策、生态建设成果，宣传绿色文化，发布倡导文明生活方式及产业发展方面的新闻、信息。

生态话题微信公众号：2015年上线，由专题新闻部管理，以发布报纸《生态·话题》言论专题版内容为主。每周不定期推送精品，让读者分享关于森林、林业、自然、生态方面的新闻与观点。

林业产经资讯微信公众号：2014年上线，由《绿色产业周刊》编辑部管理，主要关注、发布、解读林业产业方面重要新闻、信息，让读者把握行业动向。

林浆纸周刊公众号：2014年上线，由《林浆纸周刊》编辑部管理，主要报道造纸企业资讯、行业发展趋势，为纸企提供服务。

报社还协助国家林业局森林公安局、防火办分别经营中国森林公安、中国森林防火两个微信公众号。

3.微博

报社从2014年开通《森林与人类》杂志新浪微博，2015年协助原国家林业局宣传中心运营国家林业局新浪官方微博。

《森林与人类》杂志新浪微博：不定期推送杂志精品内容，主要报道野生动植物、自然保护区等方面的内容。

国家林业和草原局新浪官方微博：每天推送《中国绿色时报》刊发的重要新闻、政策资讯和读者感兴趣的报道内容。

（二）林海日报社

新媒体主要有中国绿网、绿网APP、林海微博、林海党建人民微博、《林海日报》微信公众号。

1. 中国绿网

中国绿网设有《林海日报》数字报、林区新闻联播、中国绿网视频等频道,发布内容以《林海日报》报道为主,包括内蒙古大兴安岭林管局政务信息、林区新闻、生态文学、休闲娱乐等。

2. 绿网 APP

绿网 APP 是中国绿网的手机客户端,设置头条、聚焦、基层、文化、社会、消费、体育、健康等栏目,内容以本区域新闻为主,同时转发其他媒体热点新闻。

3. 林海微博

林海微博为《林海日报》新浪官方微博,主要推送《林海日报》报道内容。

4. 林海党建微博

林海党建微博为内蒙古森工集团(林业管理局)官方微博,由林海日报社运行管理,主要推送森工集团党建信息。

5. 林海日报微信公众号

林海日报公众号 2015 年上线,主要推送社会新闻类、生活类等信息,与《林海日报》报道内容基本无关。

(三)黑龙江林业报社

新媒体只有 1 个微信公众号——《黑龙江林业报》微信公众号。该公众号于 2015 年 6 月正式上线,由总编室负责,目前由 3 人运营管理。公众号主要发布报纸第二天出版的内容,以及生活类信息等。

三、主要问题

目前,行业类报纸尤其是非市场化报纸受新媒体冲击较少,再加上新媒体发展前景不明,大都处于观望状态,对于公益性报纸——《中国绿色时报》来说更是如此。以下因素困扰着行业类报业新媒体的发展。

1. 读者关注度低

林业行业社会关注度相对较低,对林业新闻报道内容,社会公众兴趣不浓。由于缺乏热点尤其是博人眼球的新闻,网友点击率不高。

2. 没有固定的赢利模式

从新媒体融合发展的现状看,目前通过内容产品盈利、增值服务,如有偿下载、有偿阅读、有偿观看、有偿参与等形式赢利的媒体屈指可数。同时,发展新媒体前期需要投入大量人力、物力、财力资源,这对基础实力不雄厚的行业媒体而言,有点得不偿失。

3. 动力不足

传统纸媒具有采访权、公信力、专业新闻内容生产力、专业的新闻采编队伍等优势,尤其是权威、专业的内容,使纸媒拥有相对固定的读者群,受新媒体的冲击不太明显。新媒体报道权威性、专业性差,读者可信度低。加之,发展新媒体,影响报刊发行、创收经营等。在国家未出台有足够吸引力的政策前,报社发展新媒体存在一定的风险。

4. 缺乏复合型人才

传统媒体与新媒体的融合,需要一支复合型人才队伍。他们不仅要掌握新闻学、传播学的知识,熟悉传统的采写编评技能,还应知晓心理学、广告学、经济学、管理学、网络技术、信息技术等理论,掌握产品设计、数据挖掘、整合营销、新媒体运营。全新的传播方式和运行规律还要求他们时刻保持对于新技术、新业务的关注度、敏感度和洞察力,更需要注重创新意识和探索精神。而在现行体制下,引进创新型复合人才难度不小。

对于新媒体融合发展过程中的问题,正如北京大学中文系教授张颐武曾说，未来十年，媒体面临的挑战将会有"四对矛盾"：新旧媒体之间的矛盾、跨界和坚守之间的矛盾、善与真之间的矛盾以及大与小之间的矛盾。至于如何选择道路，"大家需要'在纠结中前行'——更重要的是，要在改变世界的同时，提升和改变我们自己。"

四、发展建议

媒体融合是信息传输通道多元化下的新作业模式，需要把报纸等传统媒体与互联网、手机、手持智能终端等新兴媒体传播通道有效结合起来，资源共享，集中处理，衍生出不同形式的信息产品，然后通过不同的平台传播给受众。它不是传统媒体与新媒体的"物理捆绑"，亦非传统媒体间的简单叠加，更不是传统媒体在新媒体形式上的再次重复，而是要通过技术创新搭建统一的技术平台，推动不同渠道、平台间的深度融合，使它们在融合中产生"化学反应"，打造出全新且适应信息时代传播规律的内容生产体系。

从某种意义上说，媒体融合发展是一项综合性系统工程，需要整合资源，进行统一的规划和建设。林业行业发展新媒体，必须根据行业特点，找到一条最佳的建设路径，打造符合现代林业发展的新媒体平台，壮大林业主流舆论阵地。尤其是在国家重视新媒体建设的新形势下，要抓住机遇，争取国家政策支持，帮助解决资金、人才、技术装备等方面的问题，占据现代林业新闻传播的新高地。

第七章

林业媒体融合存在的问题和发展策略

2014年8月18日，习近平总书记在主持召开中央全面深化改革领导小组第四次会议时强调，推动传统媒体和新兴媒体融合发展，要遵循新闻传播规律和新兴媒体发展规律，强化互联网思维，坚持传统媒体和新兴媒体优势互补、一体发展，坚持先进技术为支撑、内容建设为根本，推动传统媒体和新兴媒体在内容、渠道、平台、经营、管理等方面的深度融合，着力打造一批形态多样、手段先进、具有竞争力的新型主流媒体，建成几家拥有强大实力和传播力、公信力、影响力的新型媒体集团，形成立体多样、融合发展的现代传播体系。习近平总书记的重要讲话，深刻阐述了媒体融合发展的工作理念、实现路径、目标任务和总体要求，为林业和草原系统加快推进传统媒体和新兴媒体融合发展提供了根本遵循和行动指南。

2019年1月25日上午，中共中央政治局就全媒体时代和媒体融合发展举行第十二次集体学习，习近平总书记指出：

推动媒体融合发展、建设全媒体成为我们面临的一项紧迫课题。要运用信息革命成果，推动媒体融合向纵深发展，做大做强主流舆论，巩固全党全国人民团结奋斗的共同思想基础，为实现"两个一百年"奋斗目标、实现中华民族伟大复兴的中国梦提供强大精神力量和舆论支持。

全媒体不断发展，出现了全程媒体、全息媒体、全员媒体、全效媒体，信息无处不在、无所不及、无人不用，导致舆论生态、媒体格局、传播方式发生深刻变化，新闻舆论工作面临新的挑战。

推动媒体融合发展，要坚持一体化发展方向，通过流程优化、平台再造，实现各种媒介资源、生产要素有效整合，实现信息内容、技术应用、平台终端、管理手段共融互通，催化融合质变，放大一体效能，打造一批具有强大影响力、竞争力的新型主流媒体。

要坚持移动优先策略，让主流媒体借助移动传播，牢牢占据舆论引导、思想引领、文化传承、服务人民的传播制高点。

要探索将人工智能运用在新闻采集、生产、分发、接收、反馈中，全面提高舆论引导能力。

要统筹处理好传统媒体和新兴媒体、中央媒体和地方媒体、主流媒体和商业平台、大众化媒体和专业性媒体的关系，形成资源集约、结构合理、差异发展、协同高效的全媒体传播体系。

要依法加强新兴媒体管理，使我们的网络空间更加清朗。

要抓紧做好顶层设计，打造新型传播平台，建成新型主流媒体，扩大主流价值影响力版图，让党的声音传得更开、传得更广、传得更深入。

主流媒体要及时提供更多真实客观、观点鲜明的信息内容，掌握舆论场主动权和主导权。

党报党刊要加强传播手段建设和创新，发展网站、微博、微信、电子阅报栏、手机报、网络电视等各类新媒体，积极发展各种互动式、服务式、体验式新闻信息服务，实现新闻传播的全方位覆盖、全天候延伸、多领域拓展，推动党的声音直接进入各类用户终端，努力占领新的舆论场。

林业媒体融合研究，正是贯彻国家发展大政方针的有益实践。我国林业和草原系统主办的传统报纸、图书、期刊、网站规模不大，大部分传统媒体正在努力尝试新媒体平台建设，目前尚处于初级阶段。总体来说，林业媒体融合还存在以下问题。

一是林业传媒形式多且散。国家林业和草原局主办的传统报纸、期刊、网站数量多，内容分散，如，期刊达38种，但发行量不大，内容交叉重叠，缺乏错位效应；各家媒体都建立了网站、微博、微信平台，但阅读量小，影响力有限；各期刊之间未建立起内容、作者共享的平台；各种媒体之间缺乏联系，大多林业传媒都是独立运行的，平台之间没有统一的综合入口，发挥不出整体效益，凝不成合力，不能为林业信息提供一站式的应用和服务。这是因为在林业信息化建设中长期缺乏"五个统一"，即统一规划、统一标准、统一制式、统一平台、统一管理。

二是缺乏统一的技术标准。数字出版的发展离不开技术标准的统一，出版流程的标准化可使林业传媒利用有限的资源，实现传媒快速流通，从而达到预期的传播效果。但现实中数字出版缺乏统一的参照执行标准，例如，编码、作品的格式要求等都需要统一的标准。由于标准不统一，读者想要阅读内容时会因为格式问题不能在一个阅读设备上阅读所需内容，因此不得不更换阅读设备，这样增加了读者的阅读成本，会造成读者流失的现象出现。为了降低成本，实现资源在数据平台上共享，传媒过程的各个环节（例如，编码格式）都需要统一规范，否则林业媒体便不能传播广泛通用的数字出版物。缺乏统一标准限制了产业链的形成。

三是缺乏具有媒体融合思维的复合型编辑专业人才。

媒体融合最关键的节点是人才的复合，而思维方式的转变才是实现人才复合的根源所在。林业媒体缺乏复合型媒体人才，难以实现真正的媒介融合。未来的传媒人才需要运用全媒体的理念，策划好选题，采用媒体融合，衍生新产品，做好与新技术手段的学术交流。媒体融合需要编辑用互联网思维开发适合各种媒体同时传播的多媒体产品，这就要求编辑要拥有互联网背景下的用户思维，既要懂林业专业学术论文或专著的知识，又要懂网络媒体知识，还要懂新媒体的策划设计、编辑制作和运营。

四是缺乏全国的数据。本次研究主要集中在北京的林业媒体，而全国的地方报纸、期刊、出版社并没有被纳入研究范围。这一是由于资金有限，二是各地的媒体与北京的相比融合起来更加困难。本次的研究主要侧重部委主管、主办的媒体之间的融合。如果能够把全国林业系统的媒体都纳入研究范围，情况会更复杂。

我们必须以习近平新闻思想为指导，从思想观念、理论方法、实践路径上找到一条符合现代信息传播规律、适应新时代林业草原特点的媒体融合发展之路，壮大林业和草原主流声音，为推进生态文明、美丽中国建设，推动现代林业和草原发展提供良好的舆论支撑。

林业传媒需要紧跟时代发展步伐，与新兴媒体有机融合，实现林业传媒行业的稳定、和谐、创新发展，在市场经济中为读者提供更优质便捷的服务。因此，在林业媒体融合中，要着重实现以下目标。

一、实现组织机构和渠道的融合

林业传媒的改革中，中国林业出版社的改革是最早也是比较彻底的，由事业单位改变为企业，改变了经营性质；而其他媒体的改革是在事业单位内部经营方式的改革。因此，如果把林业媒体在整体上融合，还存在不同体制下的资源如何配置的问题。出版社等林业传统媒体的体制改革是文化产业改革中十分重要的组成部分，林业媒体行业的改革需要与国内政治、经济、文化以及技术发展相适应。传统的林业媒体行业的资源配置是依据计划进行的，对于市场在资源配置中的作用重视不够，市场竞争力严重不足。因此，林业媒体行业需要转变传统的发展模式，依据现代企业进行体制改革，对内部结构进行优化调整，促进经济增长方式的转变，实现林业传媒产业的资源配置以及使用效率的提升。利用新媒体技术，将分散的资源整合，将其所建的新媒体统一聚合到中国林业新媒体旗舰平台上，既可节约人才资源又能实现内容资源共享，还能为各自领域的用户提供差异化的服务。首先，林业和草原传统媒体以及新媒体可以从宣传定位、技术手段、发行渠道、人员培训等方面加强联合，在宣传策划和项目上共同承担任务，各自发挥特长，在宣传项目上形成合力和共鸣、共振扩大宣传效果。加强人员业务交流的渠道和平台建设，促进人才的流通。其次，在条件成熟时，成立中国林业和草原传媒集团，组建林业和草原事业宣传的航母，从组织机构上实现融合。把现有的报刊、图书、网络、影视、新媒体等力量整合起来，精准服务宣传对象，提升林业传媒的话语权和影响力，为林业和草原的中心工作服务。这个做法，其他行业已经有成功的实践。力量整合之路是必走之路，而且早日推进定能早见成效。

二、做好顶层设计，实现全面融合

推动媒体融合发展，必须要开展细致调研，邀请专家论证，提出可行性的建设方案、发展规划，明晰发展路径，并建立一套行之有效的体制机制。现阶段，林业媒体应打破行业内部壁垒，吸取各自优势，建立媒体同盟，实现信息沟通、业务融通、资源共享。在条件成熟时，推进统一的、规范的新媒体平台建设，形成新媒体矩阵，实现共融发展。要做好这项工作，应当自上而下去推动，牵住"牛鼻子"，把顶层设计做好。

首先，要做好调查工作；其次，借鉴其他行业成熟的经验，调动行业内媒体的积极性，在自愿的基础上推进联合，先试点，以示范效应稳步推进这项工作。同时，强化林业传媒自身的创新和研发能力，对于林业相关作品的选题、内容、载体、营销以及售后等要依据现代化的营销理念，建立完善的管理机制。努力建立林业传媒产业链，实现林业内容提供商、出版商、技术服务、网络服务提供商和读者的融合，实现互利共赢，促进林业出版产业的建设和发展。

三、立足林业特色，加强内容建设

与新媒体企业竞争，传统媒体最核心的优势之一便是内容生产力。虽然新媒体企业的崛起挤占了传统媒体的市场，但是其在内容方面对传统媒体仍有相当高的依赖性，主流的原创、优质内容仍来自于传统媒体。利用传统媒体的内容优势，各媒体之间可以做到优势互补：载体形式的互补，内容的分级分类互补，时效性与传播空间互补。

好的内容首先是要有优秀的作者群体来支持，林业媒体经过多年的发展，传统媒体拥有固定从事农业科研、生产的专家和学者队伍的专家库，为原创文章提供了更高的价值。专业化的内容制作、高质量的原创文章通过多年积累的强大采编团队、权威信息资源、规范的编辑流程而得以实现。同时，把林业传媒内容生产与新媒体信息发布的速度和广度优势相结合，为互联网的交互性和碎片化需求提供"短、精、快"的优质内容，以适应新媒体传播渠道的变化。

林业传媒应该建立数字出版资源反哺传统出版机制，促进数字原创内容在纸质出版过程中的重用，以最大限度地发挥内容资源的价值。

林业传媒通过特色内容优势来巩固存量、拓展增量，努力满足受众的多样化需求，从而在激烈竞争中抢占舆论制高点。

四、重点推出一批示范产品

新媒体建设是实现传统媒体转型发展的有效路径。林业传统媒体应遵循新闻传播规律和新兴媒体发展规律，以先进技术为支撑，以内容建设为根本，推动传统媒体和新兴媒体在内容、渠道、平台、经营、管理等方面的深度融合。在现有条件的基础上，按照林草事业发展形势要求，重点推出一批融合产品、拳头产品，为整体推进林业行业媒体融合发展积累经验，做出示范。

为了实现林业传媒与新媒体之间渠道的融合，除了要使用户形象通过精心设计测量而具体化以外，还要对用户的信息进行定制，追踪用户的网络行为以及利用社会过滤分析等手段来对用户的需求进行深入分析和理解。在个性化和个性化的用户信息需求的基础上，让用户体验个性化的信息服务，使林业传媒获得利益。因此，林业传媒应跟随互联网的发展形势，在移动客户端上投入更大的支持力度，抢占移动客户端，积极地开发网络社区，从而让信息服务实现移动化、社交化以及本地化，最大程度上与用户的生活圈、工作圈以及消费圈进行接轨和串联，实现各渠道的相互呼应。

内容＋科技＋个性化定制服务是互联网时代新的发展趋势，是传统媒体与新媒体融合的完整呈现。在内容制作上，应根据互联网和移动互联网的特点，改变内容制作方式，调整出版业务流程，推出新型产品。

五、增强技术创新，构建传播体系

技术创新带来传播效率和质量的提高。媒体融合时代，好产品也需要好渠道。网站的内容传播不应是简单地转载发布，而应该是对内容深度整合之后，有策略地通过不同平台、不同渠道去推送、去影响受众。通过技术创新，网站将在系统内打开各种媒体形式，无缝连接各种平台资源，实现信息内容生产链的聚合，实现信息产品传播链的裂变，从而实现电视、报纸、网站、微博、微信、客户端等全媒体传播渠道的融通共享，进而真正实现高效的分众化、精准化传播。

不断利用技术创新推动平台升级，建立现代通信系统，为用户提供新的视听享受和全面的信息服务，是抢占移动用户市场、最大限度地获取受众的主要举措。首先，升级改造 PC 端网站平台，建设移动新媒体矩阵。其次，抓紧时间打造立体传播体系，持续推进新闻产品平台技术升级，避免好的新闻内容"藏在深闺无人识"。最后，打造立体多样、融合发展的传播格局。

林业传媒的跨媒体深度融合，打造新兴的平台，是融合发展的一条路径。这种路径的使用主要有两个方向：一是林业传媒和新媒体联姻搭建平台；二是林业传媒利用自媒体手段自己搭建平台。应进行顶层设计，加强整合，注重整体优化，打开每一个产品和平台，形成大平台、大资源局面，使产品与产品、产品与平台、平台与平台间建立深度的融合和联系。

林业媒体在整合自身丰富资源的同时，还要顺应信息传播移动化、视频化和互动化趋势，与新媒体联手进行内容生产和技术研发，加快利用新媒体技术对媒体编辑系统进行升级，实现媒体信息的集中采集过程，促进新闻信息向信息生产方式的转换和升级，以吸引更多受众并满足多终端传播和客户多体验需求。

六、培养复合型人才，打造媒体融合团队

媒体产业的竞争，一个是技术的依赖，另一个是内容的依赖，但归根结底是人才。创新的事业必须有创新的人才，人才是创新的核心要素。林业传媒人员不仅要掌握传统的编校理论和方法，更要在林业专业基础上，掌握计算机及新型网络技术，从文字到图像制作、再到电子文件处理，将高科技的网络技术运用到工作中，保障专业精、技术强，适应新媒体时代下的电子稿件处理需要。现阶段传媒融合人才缺乏，传统的传播方式注重内容资源建设，而融合技术人才严重缺乏。一方面是由于传统传媒人才没有进行系统培训，另一方面是因为收入差距大导致招聘懂技术的人才比较困难。林业传媒要适应市场竞争环境，建立顺畅高效的体制机制，必须吸引壮大人才队伍，同时进行多层次培训，提升传媒人员的综合素质，真正打造一支具有一流专业素养和现代传播技能的"媒体融合"团队。

习近平总书记指出，森林是国家、民族最大的生存资本，关系生存安全、淡水安全、国土安全、物种安全、气候安全和国家外交战略大局；林业建设是事关经济社会可持续发展的根本性问题，发展林业是全面建成小康社会的重要内容，是生态文明建设的重要举措。

宣传好林业和草原事业在国家大局中的地位、作用和使命，讲好林业和草原故事，加强林业和草原媒体融合、资源整合、升级换挡有着十分重要的意义。随着我国林业和草原事业新作为、新发展，林业和草原的宣传在理论探索的推进下深化改革，一定会迎来生机勃勃的新局面。

参考文献 REFERENCES

艾菲. 全媒体视野下新媒体与传统媒体融合路径探析 [J]. 科技传播, 2014, 20: 158-159.

艾臻. 媒体融合背景下传统报业的创新趋势 [J]. 传媒观察, 2014, 05: 50-52.

蔡端午. 新时期农业科普期刊面临的问题及对策 [J]. 湖北师范学院学报（自然科学版）, 2016, 3: 116-119.

邓美艳, 郭雨梅, 钟媛, 等. 媒体融合背景下学术期刊的发展对策 [J]. 沈阳工程学院学报（社会科学版）, 2014, 04: 503-506.

丁柏铨. 媒介融合: 概念、动因及利弊 [J]. 南京社会科学, 2011, 11: 92-99.

郭全中. 媒体融合: 现状、问题及策略 [J]. 新闻记者, 2015, 03: 28-35.

郭伟. 科技期刊与新媒体融合中的思维转变 [J]. 新媒体研究, 2015, 7: 5-8.

郭雨梅, 郭晓亮, 吉海涛, 等. 媒体融合背景下学术期刊的创新之路 [J]. 编辑学报, 2014, 06: 521-525.

胡正荣. 传统媒体与新兴媒体融合的关键与路径 [J]. 新闻与写作, 2015, 05: 22-26.

吉海涛, 郭雨梅, 郭晓亮, 等. 媒体融合背景下学术期刊发展新模式 [J]. 中国科技期刊研究, 2015, 01: 60-64.

吉海涛, 郭雨梅, 郭晓亮. 学术林业期刊与新媒体的融合机遇、挑战、对策 [J]. 编辑学报, 2015, 10: 412-415.

李晓静. 媒体融合背景下传统报业创新趋势 [J]. 中国报业, 2014, 22: 5-6.

李艳, 徐晶. 媒体融合背景下高校学术期刊的发展 [J]. 科技与出版, 2015, 06: 115-118.

宋海龙, 张晋. 探讨新旧媒体之间的竞争与融合 [J]. 新闻知识, 2015, 06: 104-106.

孙宜君, 刘进. 媒体融合环境下广播电视新闻专业人才培养的思考 [J]. 现代传播（中国传媒大学学报）, 2010, 11: 120-123.

谭天. 从渠道争夺到终端制胜, 从受众场景到用户场景——传统媒体融合转型的关键 [J]. 新闻记者, 2015, 04: 15-20.

王正飞. 数字化时代专业期刊的发展路径探究——以《中国广告》杂志为例 [J]. 广告研究, 2015, 5: 139-142.

杨祖增. 媒体融合时代传统期刊互联网路径探索 [J]. 浙江传媒学院学报, 2015, 6: 52-56.

张艳萍. 科技期刊的微信公众号运行模式研究——基于4种核心科技期刊的量化分析 [J]. 中国科技期刊研究, 2015, 26 (5): 524-531.

中国科学技术信息研究所. 2016年版中国科技期刊引证报告(核心版)·自然科学卷 [M]. 北京: 科学技术文献出版社, 2016.

朱春阳, 刘心怡, 杨海. 如何塑造媒体融合时代的新型主流媒体与现代传播体系?[J]. 新闻大学, 2014 (06): 34-38.

朱春阳, 张亮宇, 杨海. 当前我国传统媒体融合发展的问题、目标与路径 [J]. 新闻爱好者, 2014, 10: 25-30.

后记

中国林业媒体融合发展研究项目终于有了一个阶段性的成果，欣喜之余顿感如释重负。本研究项目自2016年3月启动，汇聚了由中国林业出版社、中国绿色时报社、中国林学会、国家林业和草原局宣传中心、信息中心和北京印刷学院组成的科研团队，研究小组的成员都是单位里的中坚力量，各自在完成单位本职工作之余，同时完成了研究任务，可以说，这个团队的每一位同志都是有情怀的人——热爱自己的职业，善于思考和总结，甘于付出辛劳和汗水，富于团队合作精神。

林业和草原事业需要大众和社会认知的不断提升。中华人民共和国成立近70年特别是改革开放40年来，林业事业发展的经验之一就是宣传工作卓有成效。在新时代，怎样把这个工作做得更出色？怎么在互联网技术发展的时代大潮中，完成好林业媒体融合这个任务？为此，我们系统收集、研究了行业报纸、杂志、图书、网络、视频等方面的现状，结合国内外媒体融合发展趋势，贴近实际、贴近行业发展，提出了联合发展的建议。

在整个研究过程中，研究人员与张文红教授带领的研究生合作，学习了科学研究的思路与方法，锻炼了系统研究问题的本领，对自己涉及领域的情况进行了梳理，经历了从媒体融合的迷茫到思路清晰的认识过程，进而增强了做好本职工作的信心。而参与其中的研究生在研究过程中也接触了实际工作内容，得到了显著进步。这是一个教学科研与行业发展实际相契合培养学生路径的有益尝试，也是北京印刷学院与林业宣传密切合作的成功案例。

研究工作是艰苦而枯燥的，既要收集各种资料数据，又要对文献进行研判，更重要的是这些工作都是在完成日常工作任务后去做的。这就要有一种责任和韧劲，可以说大家经受住了这个考验。同时，研究过程中我们增进了彼此的了解，密切了联系，加深了友情，通过项目研究这个平台，收获了课题之外更多的东西。

这是一个创新的时代。课题研究永远在路上，媒体融合发展的实践不断有所创新，我们的研究仍有很多不完善的地方，但大家迈出了第一步，相信会带来点滴变化与改善。

幸福是奋斗得来的。我们做了一点努力，也乐于分享共同的研究成果。林业和草原媒体事业如奔腾万里的长河，也会因今天一滴水珠的加入而更为精彩。

感谢项目研究小组成员的付出，感谢给予大力支持的国家林业和草原局科学技术司，感谢主审陈丹院长，感谢为本书作序的郝振省会长、高锦宏书记！

《中国林业媒体融合发展研究报告》项目组
2018 年 12 月